机载嵌入式训练系统设计与实践

耿振余　等著

国防工業出版社

·北京·

内 容 简 介

针对战术仿真训练技术研究，本书重点讨论机载嵌入式训练的设计方法和实践应用问题。嵌入式训练技术是20世纪90年代兴起的先进仿真训练技术，是将虚拟仿真和实装设备有机结合，在贴近实战的战术对抗训练中能发挥重要作用。理解机载嵌入式训练的作用意义，了解嵌入式训练的设计原理、相关关键技术、实现方法以及开展嵌入式训练的组织实施是本书的重点。全书共6章，分别介绍了机载嵌入式训练的内涵、背景、现状，机载嵌入式训练系统的设计，系统的关键技术，系统的实现，部队应用，系统的设计与应用所面临的挑战等内容。

本书可供从事军事训练、国防科技、装备研制、系统工程与部队管理科学领域研究，或对此领域问题感兴趣的领导干部、研究人员、教师、学生和军事技术爱好者阅读参考。

图书在版编目(CIP)数据

机载嵌入式训练系统设计与实践/耿振余等著. —北京:国防工业出版社,2024. 3

ISBN 978-7-118-13270-0

Ⅰ. ①机… Ⅱ. ①耿… Ⅲ. ①军事训练-仿真系统-研究-中国 Ⅳ. ①E251. 1

中国国家版本馆 CIP 数据核字(2024)第101225号

※

国防工业出版社 出版发行

(北京市海淀区紫竹院南路23号 邮政编码100048)

北京虎彩文化传播有限公司印刷

新华书店经售

*

开本 710×1000 1/16 **印张** 10¾ **字数** 185千字

2024年3月第1版第1次印刷 **印数** 1—1200册 **定价** 88.00元

国防书店:(010)88540777 书店传真:(010)88540776

发行业务:(010)88540717 发行传真:(010)88540762

《机载嵌入式训练系统设计与实践》编委会名单

主　任　耿振余

编　者　孙金标　陈治湘　邓红艳　苏玉强
　　　　雷　祥　周宏升　叶培华　王奔驰
　　　　李德龙　刘　良　李劲松　孙佰刚
　　　　任　川　崔　艳　孙　鹏

前　言

仿真技术从20世纪50年代起发展到现在已经越来越成熟,仿真方法和手段也越来越先进。仿真技术在军事训练领域的应用越来越广泛,所占的比例越来越大,作用越来越突出,已直接影响到战斗力的提高。嵌入式训练技术是20世纪90年代兴起的先进仿真训练技术,代表了军事训练技术的最新发展趋势,是仿真技术在实装训练中的具体运用,它将虚拟仿真和实装设备有机结合,使训练内容更丰富,训练环境更加贴近实战。美国陆军、海军、空军都特别重视嵌入式训练技术的应用,在战术训练中发挥了重要作用。我军嵌入式训练的研究还处在起步阶段,相关研究的开展与应用需求还有很大差距,应该有更多的工程技术和研究人员学习和掌握嵌入式训练的理论方法,用于解决军事训练手段匮乏的突出问题,为实战化训练提供大力支撑。因此,本书主要针对军事仿真训练以及武器装备研制的工程技术和研究人员编写,也可作为军事训练等相关专业的研究生教材或参考书。

编者及科研团队近年来致力于嵌入式训练的理论技术和科学研究,奠定了一些理论基础和积累了一定的工作经验,对嵌入式训练系统设计和实践应用有了一定的认识,但是嵌入式训练尚处于发展阶段,本书仅仅涉及部分内容,希望能够对读者有所帮助。

本书力求理论与应用实践相结合,使读者不仅能掌握嵌入式训练的基本原理,而且能对嵌入式训练系统的设计和实现方法以及嵌入式训练的组训方式有进一步的了解。一方面,系统地介绍了嵌入式训练的内涵、优点、应用定位和国内外研究现状,使读者对嵌入式训练技术有一个全面准确的认识;另一方面,从嵌入式训练技术的理论分析入手,以系统设计及实践应用为目标,通过嵌入式训练系统的设计方法及实现方式介绍,引导读者针对实际装备的特点开展嵌入式训练系统的研制工作,培养读者的自主创新能力。

本书由空军指挥学院耿振余主编,本书共分6章,其中第1章由陈治湘、耿振余编写,第2章由耿振余编写,第3章由邓红艳编写,第4章由苏玉强、耿振余编写，第 5 章由周宏升、叶培华、耿振余编写，第 6 章由雷祥编写。耿振余对全书进行了策划、校核和统稿，王奔驰对全书进行了校稿、格式调整。

由于作者水平有限，书中难免会有不妥之处，恳请广大读者批评指正。

作者

2023 年 11 月

目　录

第1章　嵌入式训练概论

1.1　嵌入式训练提出的背景

现代化战争将是一种环境复杂、多维度、多军种的作战形式。随着空地一体战、空海一体战及空天一体战等新型作战概念的提出，空军在现代化战争中不仅肩负着夺取制空权的重任，还要对海、陆、空、天赛博空间进行火力攻击和支援。在执行高机动、高敏捷的作战过程中，对作为空军作战的主体——飞行员的态势感知、信息综合、武器使用、战术运用、决策控制等能力的训练要求逐渐增强。但是在复杂的战场态势下，各类机载传感器的信息、地面信息、通过数据链获取的外部战场信息等，给飞行员带来巨大的信息量，这些信息在帮助飞行员全面掌握战场态势的同时，也大幅度提高了对飞行员战场决策、判断力等方面的要求。如何训练飞行员的综合任务管理能力，如何使其能迅速对所获信息进行全面分析并配合辅助决策系统在战场上快速做出正确判断，如何快速提升飞行员战场决策、判断能力等问题已成为现代空战飞行员面临的重大课题。

训练是提高能力的基本手段，是赢得作战胜利的决定性因素，只有开展贴近实战的战术对抗训练，才能从根本上提高飞行员应对各种信息，处置各种安全威胁的能力，确保有效履行打赢使命。但是当前航空兵战术训练普遍存在较为突出的问题：一是战术背景简单、训练要素不全、训练强度不高，与实战要求差距较大；二是对机载武器使用的训练机会少，飞行员对机载设备不熟练；三是在复杂电磁环境下进行训练的机会少，飞行员对电子战设备战术运用不恰当等，与贴近实战的训练要求极不相称。目前，部队已有的模拟器训练也难以给飞行员提供真实的心理、生理感受，逼真度较差，飞行员难以得到身体感知和身临其境的情景意识，训练效果不佳；实兵演练机会少，模拟敌军的蓝军也难以有效模仿真正敌军的威胁特性，且成本费用昂贵，安全问题突出，各项保障十分复杂，组织实施难度大，无法开展经常性的战术对抗训练。

出现这些问题的根源就在于部队训练手段匮乏，无法营造贴近实战的训练环境。加强对抗性、体验性训练，解决制约航空兵战术训练手段滞后的问题，已成为破解训练难题的关键，实战化条件下的战术对抗训练，是检验和提高航空兵部队作战能力的重要途径。随着高技术在军事领域内的应用不断向深度和广度发展，军事训练必将出现前所未有的变革，以任务为向导、贴近实战的空战对抗训练形式的嵌入式空战训练技术应运而生。

嵌入式训练充分吸收了当前部队模拟器训练和实兵演练的优点，并将两种训练方式进行了有机融合，解决了实装训练存在的组织实施难度大、费用高、安全性差、空域时间要求高、难以进行武器闭环联动训练等问题，克服了模拟器训练逼真度差、难以获得与实战相符的心理和生理感受的缺点，实现了高效、低成本、逼真地提升战术对抗能力的目的。这种嵌入式模拟训练能使参训人员与模拟真实对手实战，提高了训练的真实感和沉浸性。

1.2 嵌入式训练的内涵

嵌入式训练的内涵主要包括嵌入式技术相关概念、嵌入式训练的概念、嵌入式训练本质及技术原理，以及嵌入式训练的特点等。

1.2.1 嵌入式技术的相关概念

嵌入式技术是计算机技术的一种应用，该技术主要针对具体的应用特点设计专用的计算机系统——嵌入式系统，它是开发嵌入式系统所用技术的总称。

根据国际电气和电子工程师协会(IEEE)的定义，嵌入式系统是“控制、监视或者辅助设备、机器和车间运行的装置”。这主要是从应用上加以定义，从中可以看出嵌入式系统是软件和硬件的综合体，还可以涵盖机械等附属装置。

国内普遍认同的嵌入式系统的定义是：以应用为中心，以计算机技术为基础，软件硬件可裁剪，适应应用系统对功能、可靠性、成本、体积、功耗严格要求的专用计算机系统。

从上面两种定义可以看出：首先，嵌入式系统是一种专用的计算机系统，是一个计算机硬件和软件的结合体，有时还包括其他机械、电器等设备；其次，它是以完成某种特定的功能而设计的，往往为控制或监控等目的而集成到应用设备中，而系统的功能是由软件而非硬件来决定的。嵌入式系统在我们的生活中无处不在，嵌入式系统通常嵌入在一个物理设备当中而不被人们所察觉，如手机、机顶盒、可视电话、微波炉、冰箱、汽车、电梯、安全系统、自动售货机、自动取款机、医疗器械等。但平时我们可能根本没有注意到这些计算机系统的存在。

以汽车为例，汽车里包含有十多种甚至几十种嵌入式系统，它们的用途有控制的、有智能化的、有环保的……其中汽车防抱死系统就是用于汽车安全稳定的一个控制系统，几乎是每部汽车的标准配备。如果没有防抱死系统，紧急制动通常会造成轮胎抱死，如果是前轮抱死，车辆就失去了转向能力；如果后轮先抱死，车辆容易产生侧滑，使行车方向变得无法控制。嵌入式系统要从设备中得到输入，同时要向设备输出控制信息。嵌入式系统大多数情况下可根据自己"感知"到的事件自主地进行处理。嵌入式系统原理如图1-1所示，嵌入式系统一般具有以下特点：嵌入式系统一般隐藏于应用装备内部而不被操作者察觉，因此嵌入式系统最大的特征就是嵌入性；嵌入式系统嵌入到设备中不是简单的电气和机械连接，而是通过数据接口与设备融合为一个整体，也就是说，它具有融合性；嵌入式系统要具有时间敏感性，也就是具有实时性。

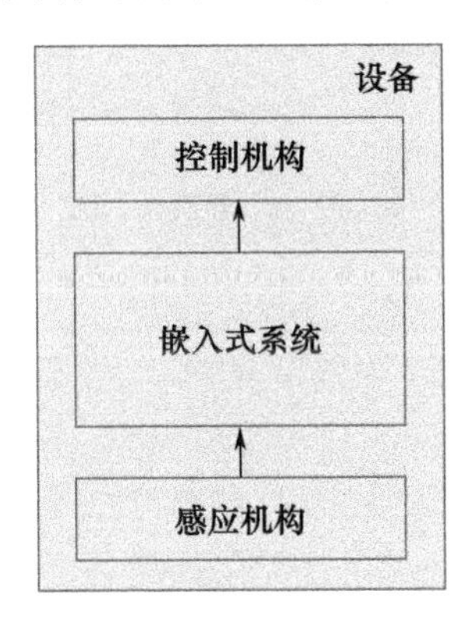

图1-1　嵌入式系统原理图

1.2.2　嵌入式训练的概念

嵌入式训练（Embedded Training，ET）的概念是20世纪90年代由美军仿真训练与设备司令部和自行坦克研究开发与工程中心共同提出的，目的是通过高效、低成本、逼真的训练，提高士兵在现在战争条件下的操作和作战能力。其实质是将仿真系统嵌入到实际装备中（仿真技术嵌入到真实装备中），来训练人员对任务的操作和反应，达到增强训练能力的目的。

嵌入式空战训练是指利用空战作战装备对操作和维护该装备的人员进行训练，嵌入式空战训练系统依靠嵌入内部的部分，如计算机教学、仿真场景、软件等，对训练素材进行适当规划并对反馈和所学课程的效果进行评估。它是一种内置的作战功能系统，通过虚拟空对空或面对空威胁，使飞行员在所设计的生动而充满挑战性的虚拟场景中对抗大量的逼真虚拟对手，以提高或保持飞行员技术熟练水平的训练。这种训练方式，是仿真技术在实装训练中的具体运用，它将模拟训练带到空中或其他作战领域，将虚拟仿真和实装设备有机结合，使训练内容更丰富，训练环境更加贴近实战。

具体来说,嵌入式空战训练就是通过在飞机上增加或集成嵌入式仿真子系统,使飞机在不装备或不使用真实武器和传感器的情况下,通过计算机仿真虚拟目标/威胁、虚拟传感器、虚拟电子战、虚拟武器或其他作战要素,并将所产生的虚拟信息与飞机航电系统相融,低成本高效地实现单机、多机或联合战术训练。通过将训练设备嵌入实际装备,在近似实战的逼真环境下实施训练,飞行员通过真实机载设备与飞机进行交互,控制飞机与虚拟对手进行交战,完成科目训练、任务演练和效果测试评估等功能,使受训者获得与实战相符的心理与生理适应性,大幅提升训练品质。嵌入式空战训练系统可以与武器装备同时配置,能够在和平时期和作战间隙为部队提供全时段、全方位和不间断的训练,可有效提高部队的战备能力和应付突发事件的反应能力。

1.2.3 嵌入式训练的本质和技术原理

1. 嵌入式训练的本质

嵌入式训练是一个综合性的仿真技术,它是建模与仿真、计算机生成兵力(Computer Generated Forces,CGF)、人工智能、训练评估和电子等多种技术的综合应用。它的本质通俗地讲就是:虚拟仿真实现在实装上,在实装上实施虚拟仿真。如图 1-2 所示,实装训练依靠的是真实的目标、真实的传感器和真实的武器,而嵌入式仿真训练是用虚拟智能目标代替真实目标,用仿真传感器代替真实的传感器,用仿真武器代替真实的武器。也就是说,操作人员使用的还是真实的武器装备,只是信息源换了,是用仿真生成的各种信息源代替真实的信息源。

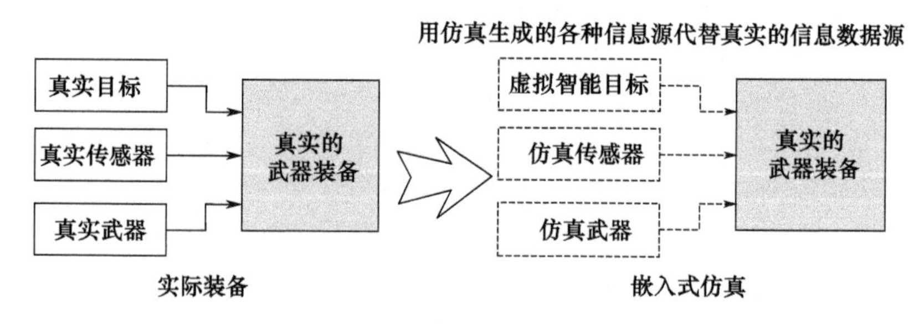

图 1-2 嵌入式仿真训练的实质

嵌入式训练是对传统模拟训练的重大革命,已成为各军事强国军事训练的首选方式,它不仅是在世界新军事变革中,军事战略、战役和战术对抗及新作战模式需求牵引的必然结果,而且充分显示了当今先进军用仿真技术对于军事训练的巨大推动作用。嵌入式训练在真实的武器装备中嵌入了一种能力,这种能力使操作人员能够看到虚拟世界,并通过与武器装备中的子系统的交互完成训练、任务排练、战场可视化、效果测试和评估等功能,是基于构造-集成结构(Live Virtual Constructive - Integrating Architecture,LVC-IA)联合建模与仿真技术和CGF技术。在实装作战系统、子系统、设备上,通过嵌入式系统嵌入或增加赋予仿真作战环境、作战过程和武器作战效应的辅助系统(包括硬件和软件),受训人员可以按照既定的军事训练任务;在实装兵器运行中,适应性地进行贴近实战环境下的各项技能训练,并对其训练效果做出实时、客观、科学评估。显然,这种新的训练方式创造了更加贴近实战的环境,具有在实装兵器实际运行中"即插即训练能力",从根本上克服了长期以来传统模拟训练存在的运动滞后、不协调和不能反映受训人员心理、生理特性的致命缺陷,彻底摆脱了战术训练对传统实弹、模拟训练弹或模拟器的依赖,大幅提高了训练效率、效果与效费比。

2. 嵌入式训练的技术原理

嵌入式训练的技术原理示意图如图1-3所示。

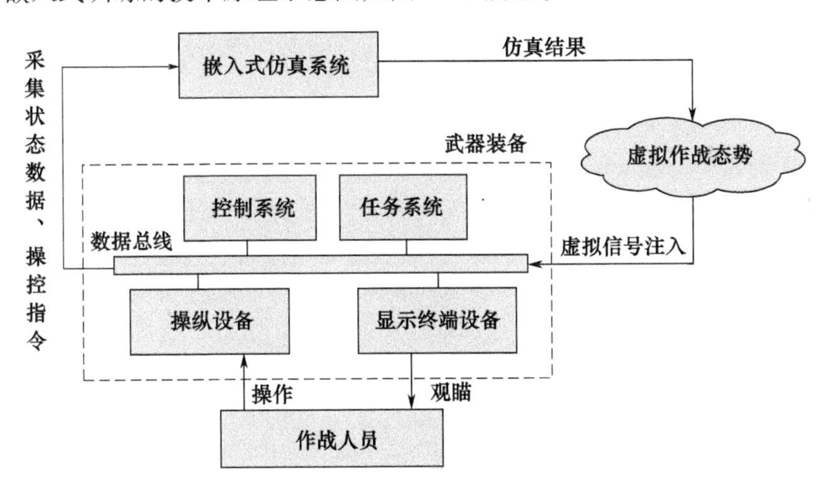

图1-3 嵌入式训练的技术原理图

嵌入式训练中,嵌入式仿真系统实际上起到了虚拟作战态势生成器和作战过程仿真器的作用。在不产生(或产生但不使用)真实传感器和武器等设备数据的情况下,利用嵌入式仿真系统中产生的仿真信息代替真实的信息,并和真实装备结合在一起,可进行一体化交互仿真,实现在真实装备上进行模拟训练的功能。

嵌入式仿真系统与实际装备之间是通过数据接口进行数据交互。仿真系统需要从实装上获取输入信息,并且要向实装输出仿真信息。首先,作战人员操作实装形成状态数据(位置、姿态、速度、航向、油量等)和操控指令,作为仿真系统的输入,仿真系统接收到输入后,完成武器和传感器以及与虚拟“蓝军”兵力的交互仿真,进而演化作战态势,产生新的虚拟信号输入到实际装备;然后,在装备的显示终端上实时显示当前态势信息,作战人员根据显示终端提供的信息完成对平台和武器的操作,从而形成一个完整的仿真闭环回路,如图 1 -4 所示。

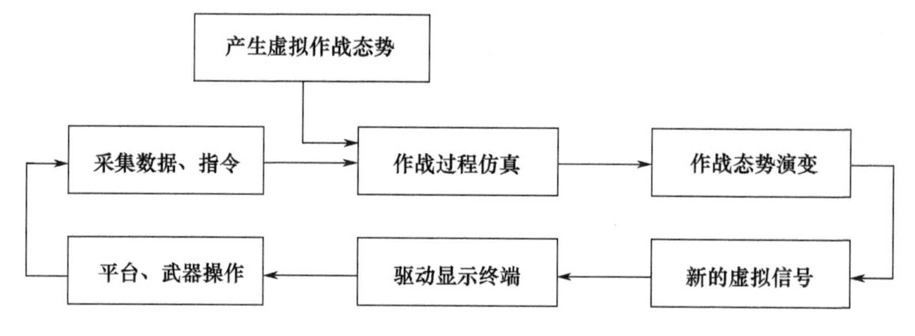

图 1 -4　嵌入式仿真的仿真回路

1.2.4　嵌入式训练的特点

嵌入式训练系统是一种仿真系统,也是一种典型的嵌入式系统,它继承了嵌入式系统的特点,即具有嵌入性、融合性、实时性,同时它又具有仿真的特点。嵌入式仿真是仿真系统与实际装备结合进行的仿真,它既不是纯粹的虚拟仿真,也不是完整意义上半实物仿真。嵌入式仿真与虚拟仿真、半实物仿真的比较如图 1 -5 所示。

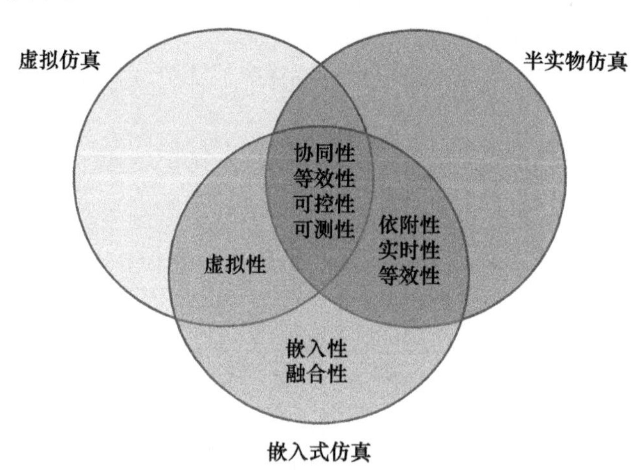

图 1 -5　嵌入式仿真训练系统与虚拟仿真、半实物仿真的比较

虚拟仿真最大的特点就是虚拟性,它的目标、地形环境、火力都是虚拟的;半实物仿真的特点是依附性、实时性、等效性。依附性是指仿真系统不能单独运行,需要和实物设备结合进行仿真。实时性是指严格要求进行实时仿真。等效性是指仿真系统所产生的各种虚拟信息,必须与真实信息具有等效的信息属性。嵌入式仿真训练是仿真系统与实际装备结合进行一体化的仿真,实现对战术任务的战术对抗训练。除了满足虚拟仿真的虚拟性以及半实物仿真的依附性、实时性、等效性以外,它的特点主要有以下几个方面。

(1) 嵌入性。嵌入性是指嵌入式仿真训练系统在物理结构、功能上都嵌入到实装中。

(2) 融合性。融合性是指嵌入式仿真训练系统嵌入到实际装备中,不是简单的机械连接和电器连接,而是通过信息接口和数据接口,使仿真系统与实装融合为一体。

(3) 协同性。协同性是指嵌入式仿真训练系统需要与实装设备密切配合,相互匹配、协调工作。

(4) 等效性。等效性是指嵌入式仿真训练系统所产生的各种虚拟信息,必须与真实信息具有等效的信息属性,这样才能保证仿真达到足够的逼真度。

(5) 可控性。可控性是指可以对嵌入式仿真训练的过程进行控制。

(6) 可测性。可测性是指可以对嵌入式仿真训练的过程进行分析和评估。

1.3 嵌入式训练的优点

嵌入式训练是模拟器训练和实装训练相结合的产物,因此它结合了两者的优点,嵌入式训练的优点如图1-6所示,主要表现在以下6个方面。

1. 嵌入式训练可大大降低训练成本

嵌入式训练通过虚拟武器代替真实武器,利用虚拟兵力替代“蓝军”,减少参训飞机数量,可以有效地解决飞行资源有限和训练任务需求之间的矛盾,同时也相应地减少了保障、组织、资源等费用。

2. 嵌入式训练可减小训练空域需求

以往基于实际装备的武器系统闭环联动只能在靶场等特殊地域和时间进行,而安装了嵌入式仿真系统的装备,不需要专门的训练场地,可在驻地按需生成各种不同的虚拟场景和战场态势,随时开展复杂的战术课目训练。战术对抗训练中减少了组织协调、空域肃清和后勤保障等环节,节约了空域资源。

3. 嵌入式训练可真实、灵活地模拟空中、地面和海上威胁

在实兵训练中,真实的地、海面威胁(如地空导弹、舰空导弹)的参与保障难

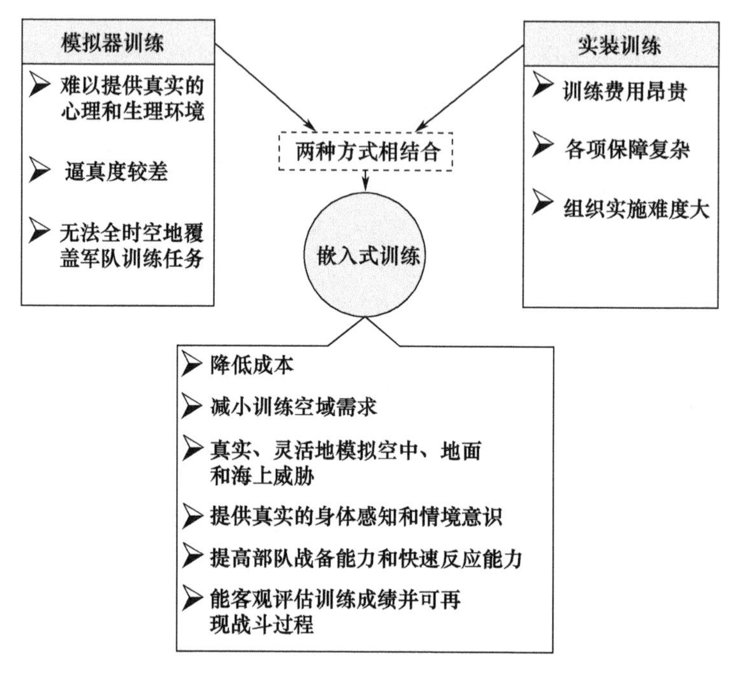

图 1-6 嵌入式训练的优点

度大,很多场景的设置不可行。相比实装训练,嵌入式训练系统通过模拟敌真实兵力的装备和行为特征,可以按需灵活地设置虚拟的空中、地向和海上威胁,并配置于虚拟场景的任何地域。不仅增加了训练的逼真性,也大幅简化了部队的训练组织:航空兵战术对抗训练中所需要的各种训练资源和战场环境要求,无论是空中敌机、地面防空兵、地面部队、海上舰艇、雷达、电磁等,还是高山、荒漠城市、荒野,只需要改动一下训练设置,就可以全部模拟出来,能够较为容易地实现多要素、多兵机种、多种任务、多种对手的战术对抗训练。

4. 嵌入式训练可为参训人员提供真实的身体感知和情境意识

相比地面模拟训练,嵌入式训练是在更接近实战环境中进行的,训练者的身体感知和情境意识是真实的,训练的有效性更高,解决了逼真度不够、与实战贴得不紧的问题。嵌入式训练系统比模拟器更逼真、比实装更经济、组训功能更强。让训练者在真实的装备环境下实施训练,缩小了训练和实战对武器系统使用的差距,可使受训者获得与实战相符的心理和生理适应性,大幅提高训练质量。

5. 嵌入式训练可提高部队战备能力和快速反应能力

能够在和平时期和作战间隙为部队提供全时段、全方位和不间断的训练,有效地提高部队的战备能力和应付突发事件的反应能力。

6. 嵌入式训练能客观评估训练成绩并可再现战斗过程

嵌入式训练系统内置的评估组件,能够对训练过程中的关键环节进行实时评估,同时通过回放录像等功能,可实现战斗过程再现功能。

由于嵌入式训练具有上述提到的 6 点优势,所以成为未来各军事强国备战训练的发展趋势。通过嵌入式训练,可快速培养出具有系统的战术思想和现代化空战理念的飞行员,为战斗机的高级科目训练打下坚实基础,加快形成有效战斗力速度。因此,世界上各高级教练机研发单位及相关空战训练机构均高度重视嵌入式训练技术,大力开发具有虚拟目标/威胁、多类机载传感器、空空/空面武器、电子战等功能的嵌入式训练系统,并在场景仿真逼真性、通用性与专用性、人机交互性以及如何将先进训练理念融入现代空战战术思想的嵌入式训练系统等方面进行不懈努力,并随技术的推动向基于剧情游戏的嵌入式训练、基于多平台的联合嵌入式训练、基于人工智能的嵌入式训练等方向发展。

1.4　嵌入式训练的应用定位

1.4.1　嵌入式训练与其他训练模式的关系

仿真模拟训练的模式主要有 4 种,分别为模拟器训练、嵌入式训练、实兵演练以及分布式作战模拟。

模拟器训练主要定位于武器操作层面的训练,主要用于训练作战人员对装备的熟练度,是一种底层的训练模式,重点模拟重现装备性能、参训人员感官体验和作战环境,使人、机(模拟器)和作战环境达到相融一致。

分布式作战模拟是基于模拟技术和网络技术,将分布在不同地理区域的模拟器连成网络体系,综合而成的高仿真度训练系统,可以实现战役规模级的作战训练,主要定位于协同作战训练层面,主要训练作战人员的作战、指挥协同。例如,2010 年 10 月,美军利用分布式作战模拟开展的代号为“沙漠转轴”(计算机上虚拟的“红旗演习”)大规模虚拟空军演习。

实兵演练的定位跨度较大,作战协同环境接近实战,但其又有很大的局限性,需要其他补充训练手段。实兵演练一般覆盖所有的训练层级,大规模的实兵演习如美军的“红旗演习”等。

嵌入式训练在战术对抗训练层级方面,比模拟器和实兵演练具有明显的优势,嵌入式仿真训练主要定位于战术训练层面,用于训练作战人员对任务的反应和操作,通过“实 - 虚”对抗的形式,实现战术对抗科目的训练。但嵌入式仿真训练并不能完全代替模拟器训练和实兵演练，每种训练方式是互为补充的关系，而不是替代的关系，每种方式都有其独特的应用定位，每种方式都是必需的，但不是绝对的，即"必需但不是绝对"。4 种训练方式及主要用途如图 1－7 所示。

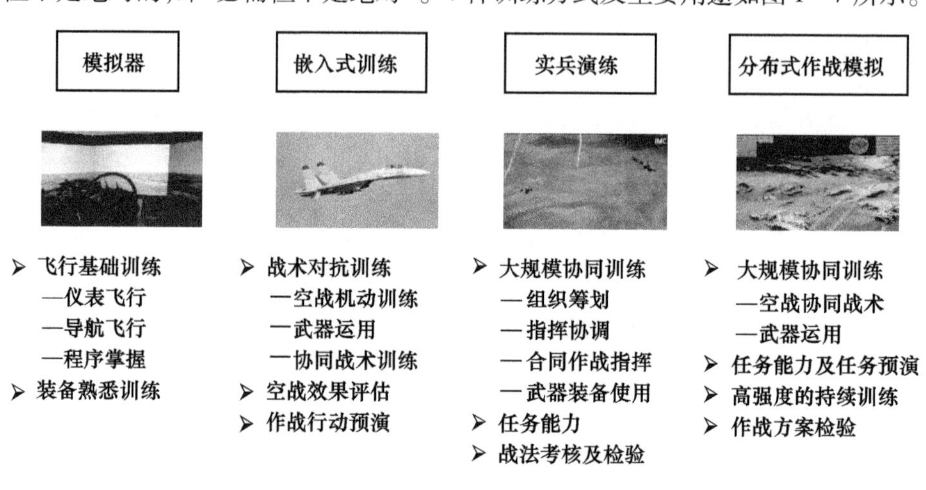

图 1－7 训练方式及主要用途

1.4.2 嵌入式训练的训练层级

由于我国目前嵌入式训练起步较晚，且并没有在部队中得到普及，因此，本节主要以美军航空兵训练为例，说明嵌入式训练的训练层级。

美国空军将飞行员的训练分为 6 个层级，即先进操纵性训练（Advanced Handling Characteristics，AHC）、基本机动训练（Basic Fighter Maneuver，BFM）、空战机动训练（Air Combat Maneuver，ACM）、战术截击训练（Tactical Intercepts，TI）、空战战术训练（Air Combat Tactics，ACT）和大规模作战训练（Large－Force Employment，LFE）。飞行员只有经过这 6 个层级的训练，才能称得上是一个优秀的飞行员。美国空军飞行员训练层级递进关系如图 1－8 所示。

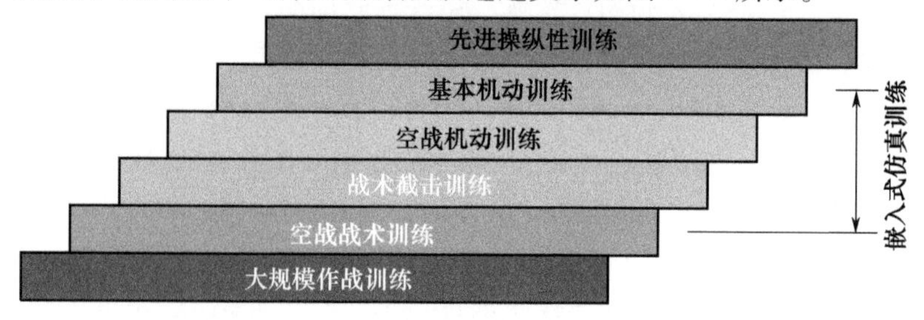

图 1－8 美国空军飞行员训练层级递进关系

下面具体分析这6个层级。第一层级是先进操纵性训练,这是最为基础的训练,训练主要是飞行员在没有对抗的环境下熟悉飞机的各种性能,据此培养出来的“装备熟悉度”将被应用到以后的各阶段训练。第二层级是基本机动训练,这一层级强调在设定环境下的单机对单机的对抗机动能力。第三层级是空战机动训练,强调双机对单机环境下双机互相协同机动能力。第四层级是战术截击训练,强调四机协同,主要是利用各种信息、指示以及地理关系,使用雷达和其他探测手段,发现、瞄准和攻击敌对飞机。第五层级是空战战术训练,主要是使用四机在各种作战环境中对抗两架或更多敌机。第六层级是大规模作战训练,主要是使用多个四机编队协同、联合完成各种任务。

在完成6个层级的训练时,要求投入大量的训练资源,而机载嵌入式仿真训练完全可以完成其中的第二至第五的4个层级的训练,可以在部队中广泛应用。

1.4.3　嵌入式训练系统的分类

当前嵌入式训练系统主要分为完全嵌入式训练系统、附加式嵌入式训练系统以及脐带式嵌入式训练系统三类。

(1) 完全嵌入式训练系统。该类系统除了容易安装的训练软件或教学软件外,包括所有的训练特征,容易更新,并完全包含在主系统本身之中。例如,战车上的完全嵌入式训练系统可使士兵在车辆行进中进行训练,和在战术交战模拟中一样。

(2) 附加式嵌入式训练系统。附加式嵌入式训练能力可以根据需要安装、附加到主系统,并在不需要时移除。它需要永久性的预置组件,用于连接或安装训练设备,以及其他与完全嵌入式系统相似的内置组件,这些内置组件要求与装备系统或组件之间有接口。一个附加式训练系统可以服务多个同类型的主系统,但一次只能有一个主系统使用。

(3) 脐带式嵌入式训练系统。与附加式相似,但涉及与外部组件的物理连接,如计算机、通信系统或教官/操作员控制台。脐带式嵌入式训练系统可用于在网络环境中互相连接许多系统,以支援实兵对抗训练。然而,它并不是一种战场训练系统,且无法在装备运行中进行训练。一个脐带式系统可以服务多个同类型的主系统,也可支持同一系列系统中的多个主系统。

1.4.4　嵌入式训练系统与ACMI的比较

我军航空兵实兵对抗训练采用的是空战机动仪器(Air Combat Maneuvering Instrumentation,ACMI)系统,也称为空战训练系统(Air Combat Training System,ACTS)或战术训练系统(Tactical Air Combat Training System,TACTS),是一种在

空战对抗训练中对飞行员的平台操纵能力、武器使用能力、战术运用能力进行训练和评估的辅助设备，同时具备训练安全监视、武器装备性能验证等功能。

ACMI 系统主要功能是采集、记录武器平台各类关键数据，通过数据实时组网传输，并依据仿真模型和评估准则体系，实现对抗过程的实时裁决和事后评估功能，是提升航空兵战术训练水平的有效手段。ACMI 的地面站是 ACMI 系统的重要组成部分，承担着空地之间信息传输的重任，可以实时接受训练区域内机载综合信息采集设备下传的信息，将信息传输到评估中心，也可以接收评估中心的指令信息，实现远程控制并对机载综合信息的获取提供通信支持。

嵌入式训练系统与 ACMI 系统比较，主要具有以下几点区别。

（1）装载形式不同。ACMI 更多的是通过 ACMI 连接器，以吊舱的形式装载在战斗机上，而嵌入式训练系统更多的是通过分机或模块的形式直接安装在战斗机内部。

（2）训练评估方式不同。ACMI 更多的是通过各种总线、接口，将战斗机的各种信息数据传送给 ACMI 吊舱，再通过数据链传回地面站，由地面站进行事后评估，或实时评估。嵌入式训练系统主要通过各种总线、接口，与战斗机各种信息数据交互，可实现机上实时评估或事后评估。

（3）对抗对象不同。ACMI 系统的重点是对交战双方进行评估，可能是对空中缠斗的两名飞行员的评估，强调的是训练评估的内容。嵌入式训练可通过虚拟/现实仿真手段，生成智能对手，通过飞行员与虚拟智能对手的对抗，评估飞行员的训练水平。

1.5 国外嵌入式训练的发展概况

1.5.1 美军嵌入式训练的发展概况

（1）理论方面。从 20 世纪 80 年代首次提及嵌入式训练以来，美军对嵌入式训练的认识不断统一和深化，各型嵌入式训练系统不断推出，嵌入式训练已成为美军训练的首选方式。美军早在 1987 年就将嵌入式仿真训练确定为训练设备策略的首选方法。1995 年 6 月，美军宣布将嵌入式仿真训练作为 21 世纪军队的关键训练计划之一。近年来，美国国防部在颁布的《训练转型实施计划》中明确“主要国防采办项目”中的嵌入式训练必须能与全球联合训练基础设施联结起来。新的政策或修改后的政策将为主要国防采办项目提供一种嵌入式训练能力。美军也将嵌入式训练确定为训练设备策略的首选方法。

（2）系统方面。嵌入式训练系统已有半个世纪的发展历史，美国军方很早就对其产生浓厚的兴趣。美国空军最先于20世纪50年代进行了嵌入式训练技术的研究，最先应用于防空指挥中心。经过多年的发展、研究与应用，美军的嵌入式训练技术逐步应用在多个训练领域，极大地促进了嵌入式仿真技术的发展，在之后的十多年间，在陆、海、空领域都出现了许多成功的应用。

1. 美国陆军嵌入式训练的发展概况

美国陆军现有的嵌入式训练系统大多研发较早，部分系统是20世纪90年代研制应用的，其典型系统有以下几种。

（1）坦克全乘员交互式训练模拟器。坦克全乘员交互式训练模拟器用于全体乘员（车长、炮长、装填手和驾驶员）在静止车辆上进行训练，操纵使用各自的控制装置。整个系统装车可在45～60min内完成，无须专用工具。该模拟器可供实施各种坦克战斗射击训练科目，如对多种静止或运动目标射击，对单个或多个目标射击，以稳定或非稳定火控方式射击，行进或短停间射击，用瞄准镜实施精确射击或降级瞄准射击，越野行驶、驶进、驶出掩蔽，以及规定作战条件下的技能达标训练，该系统在海湾战争中曾得到应用。

（2）“布拉德利”战车嵌入式训练系统。“布拉德利”战车嵌入式训练系统由美国联合防务公司设计研发，目前正在进行完善改进。该系统旨在训练“布拉德利”A3步兵战车单兵及相关车载人员。“布拉德利”战车嵌入式训练系统使用天气、地形、威胁、射程等参数再现战场环境，生成的图像和战场环境均一致。目前的“布拉德利”战车嵌入式训练系统只是初样机阶段，存在一定的局限性。未来投入生产的产品，只需将特制卡片插入战车处理器即可实现计算机功能，系统只需通过一个简单的开关键即可在训练模式与作战模式之间切换。

（3）M109A6自行榴弹炮嵌入式训练设备。该设备内置于自动火控系统上，能够快速地从作战系统切换至可支持一系列培训功能的系统，有潜力成为强大的多功能嵌入式训练设备。自动火控系统包括1个显示器和1套共26个按键和开关的设备，士兵使用这套设备来控制操作和输入信息。显示器是一种橙色发光屏，大小与字母既可以正常显示（黑色字符在橙色背景上），也可以反相显示。自动火控系统有3个启动开关，1个用来控制自动火控系统本身，1个用来控制火炮的伺服系统，还有1个用于训练和作战模式之间的切换。

（4）M1A2SEP坦克嵌入式仿真训练系统。该系统采用了与实车相同的数字化系统硬件和软件，其操作装置和终端设备与实车为一体，该系统于2003年1月批量生产，目前已装备美军第4机步师和第1骑兵师。根据初步计划，到

2025 年,美国陆军的所有作战部队都将装备带有嵌入式仿真系统的战斗车辆。

2. 美国海军嵌入式训练的发展概况

美国海军代表性的应用是美国的 CG－47 导弹巡洋舰和 DDG－51 驱逐舰上的“宙斯盾”作战训练系统,它为作战情报中心分队提供了嵌入式仿真集体训练和个人训练的能力。在作战情报中心分队训练中,训练系统能够展现战术态势的逼真仿真,能提供各种舰队防空协同作战、反空袭作战、反水面舰艇作战及反潜作战等态势,从而能在海上或港内实施综合性的舰载战术分队训练。在该训练系统的基础上,洛克希德·马丁公司的先进技术实验室开发出了先进嵌入式训练系统,该系统综合运用了语音识别、按键分析、视觉跟踪以及模式识别等技术,快速测定和自动评估受训人的执行情况,并提供在线反馈及计算机辅助指导。

此外,美国海军 T－6B 通过全嵌入式空战操作装置虚拟雷达和电子战模拟器,成功地将嵌入式训练引入基础教练机,使基础教练机可以进行空空、空地、电子战等科目的训练。T－45C 通过虚拟维修训练嵌入式训练系统使机载雷达等电子设备与嵌入式系统有机融合,通过数据链与地面站和其他空中平台交联,为飞行员提供空空、空地模式的模拟武器使用和电子战训练,进行真实的和受地面站控制的虚拟目标两类对抗目标混合使用,低成本实现了复杂战术科目的训练。

3. 美国空军嵌入式训练的发展概况

2005 年,美军开发了针对 F－16 和 F－15E 战斗机的电子战嵌入式训练吊舱。它将仿真系统嵌入在机翼下的吊舱内,在飞行中能够产生雷达告警接收机虚拟信号。F－16 的嵌入式战斗训练系统(Embedded Combat Aircraft Training System,E－CATS)硬件体系框架如图 1－9 所示,该嵌入式系统采用基于 Linux 操作系统的嵌入式计算机与基于 Vxworks 操作系统的雷达网关,使用以太网连接,利用多路连接器连接 F－16 装备系统与嵌入的组件。2007 年,波音公司开始探索和开发嵌入式训练的建模与仿真技术,通过地面模拟计算机与空中真实飞机联网,为飞行员提供复杂的虚拟作战训练环境,降低真实军演飞机数量。2009 年 11 月,波音公司通过了一系列 F－15E 嵌入式仿真训练关键部件的演示验证。2012 年,波音公司开始为美国空军 F－15E 开发嵌入式仿真训练系统,该系统是采用数据链路式结构,配置在地面仿真控制台,通过数据链将空中的实际飞机和地面仿真控制台进行联网。地面仿真控制台完成参训飞机的机载雷达、武器、电子对抗设备和虚拟空中(和地面)威胁环境的仿真。首先,将空中参训飞机的状态数据和操纵指令通过数据链下传到地面,地面仿真控制台根据下传数据完成机载设备和虚拟威胁环境的交互仿真;然后,将仿真后的态势信息通过数据链上传到空中参数飞机,并显示在参训飞机的平显和下显上,从而实现了真实蓝军和虚拟红军对抗训练的功能。

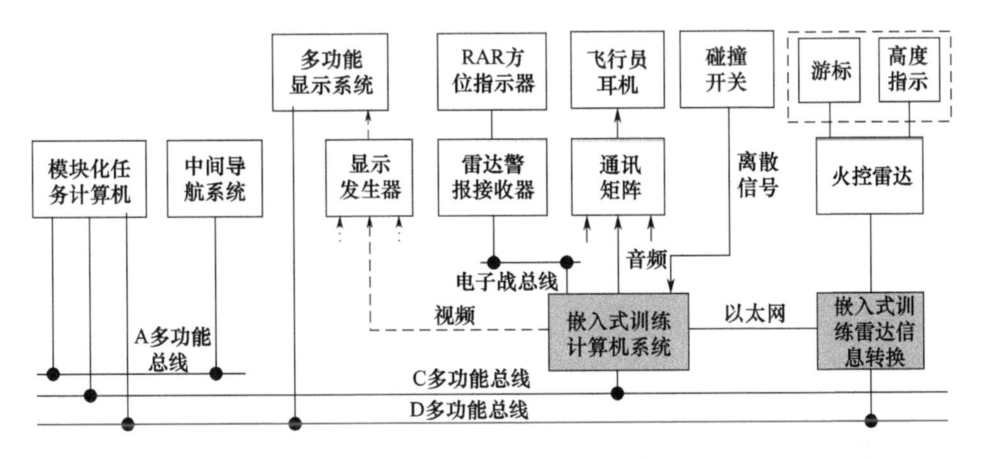

图1-9 E-CATS硬件体系框架

目前,随着飞机航电系统的发展,特别是先进的数字式航电系统的应用,机载嵌入式训练系统在美军武器装备中得到全面的发展,典型的机载嵌入式训练系统主要集中在美国空军F-22、F-35等先进战斗机装备中。特别是F-35机载嵌入式训练系统,如图1-10所示,运用数字化航电技术实现了与F-35、F-16等的ACMI系统的综合集成,能在系统合成的各种复杂危险的虚拟战场环境中对飞行员进行战斗训练,包括超视距攻击、近距格斗、对地攻击、超低空突袭等;并支持训练结果的实时评估,代表了目前机载嵌入式训练系统的最高技术水平。

图1-10 F-35嵌入式训练示意图

F-35战斗机嵌入式训练系统是在综合数字化航电系统的基础上,将ACMI系统和嵌入式仿真技术相融合的产物,不仅强调了以嵌入式仿真技术为基础的虚拟对抗环境的生成,还提供了完备的训练监控、实时评价和训练后讲评功能。F-35战斗机的嵌入式训练是采用完全嵌入式结构,也就是将仿真系统完全集成到飞机内部,它是安装在飞机的综合处理计算机中。如图1-11所示,图中深灰色模块就是增加的嵌入式训练的软件模块,浅灰色箭头线就是增加的嵌入式训练的接口。在F-35战斗机的嵌入式训练软件模块中集成了两种模式训练:一种是实兵演练模式系统(P5 Combat Training System,P5 CTS),类似于国内的ACMI系统,主要用于参加"红旗军演"等实兵对抗训练,其中P5子系统(P5 Internal Subsystem,P5 IS)模块就是P5 CTS的一个子系统,该模式训练是采用真实的目标、真实的环境和虚拟的火力来完成训练的,主要实现在训练过程中的武器攻击结果评估和训练后的讲评支持;另一种模式就是由除P5 IS外的其余3个模块(传感器仿真模块、武器及对抗措施仿真模块和虚拟威胁仿真模块)所实现的训练模式,这种模式属于全虚拟模式,实现载机航电系统对生成的虚拟威胁的探测、识别、跟踪和电子对杭的模拟。虚拟训练部分由美国航空航天实验室和荷兰航天局开发。它的能力是在联合任务规划系统的支持下,通过加载在飞机综合核心处理器中的软件模型实现,能够提供虚拟威胁环境,在该环境里可以执行预先规划的威胁想定,能够在超视距训练中执行预先规划和反应性威胁响应。该环境最多支持4个虚拟空中目标、10个虚拟地面威胁和相关的虚拟威胁导弹。F-35的嵌入式训练系统能够支持"全地域、全时空"范围内的边飞行边战斗训练,有利于增强和维持F-35战斗机飞行员的作战能力,成为飞机整个训练系统中非常关键的组成部分。

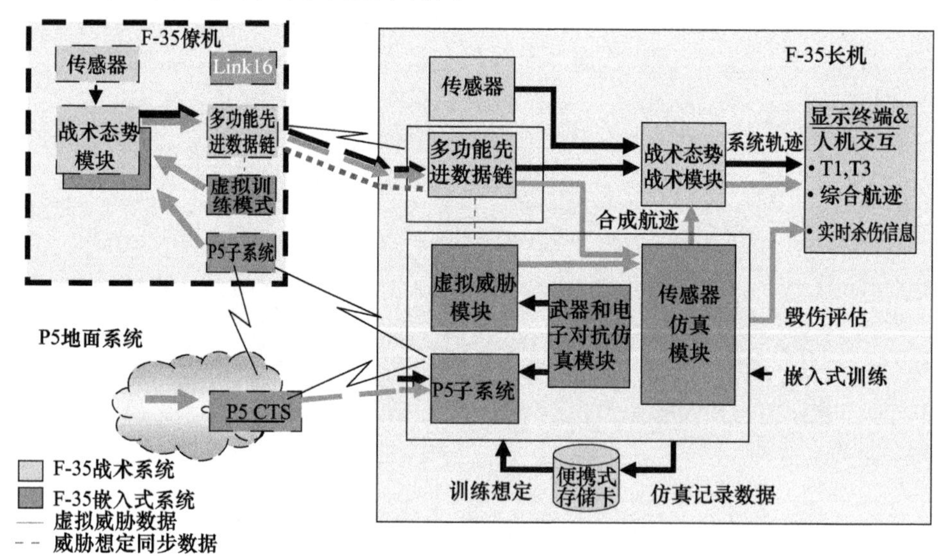

图1-11　F-35嵌入式训练的功能结构图

根据F-35的装备规划,在使用嵌入式训练后美军的军费预计节省如表1-1所列。

表1-1　F-35嵌入式训练的预计经费节省表

时期	年份/年	空战训练/百万美元	空对地训练/百万美元	总计/百万美元
开始初期	2015	67.6	21.6	89.2
	2016	103.3	30.8	134.1
	2017	146.5	41.7	188.2
稳定状态	2030	775.5	270.5	1046.0
生命周期内	2013—2057	2370.0	606.0	2976.0

1.5.2　其他国家嵌入式训练的发展概况

由于嵌入式训练系统对部队训练特别是空战训练的支持具有极大的优势，除美军外，各国军方及空战训练研究机构都开始将目光投向嵌入式训练系统。

1995年，荷兰国家航空航天实验室（National Aerospace Laboratory，NRL）对战斗机嵌入式训练进行了可行性研究，于2000年设计并实现了基于F-16飞行模拟器的嵌入式训练软件。2003年6月，荷兰国家空天实验室、荷兰空间研究院和荷兰皇家空军联合开发了嵌入式作战训练验证系统，该系统能提供飞行员的空中格斗、对地攻击、超低空突袭等课目训练，并于2004年4月在F-16战斗机上完成了单机作战训练能力的验证，于2007年完成了多机编队作战训练能力的验证。多机编队训练的系统结构原理如图1-12所示。NRL对嵌入式训练系统的评分如图1-13所示，荷兰嵌入式训练模拟系统研制历程如图1-14所示。

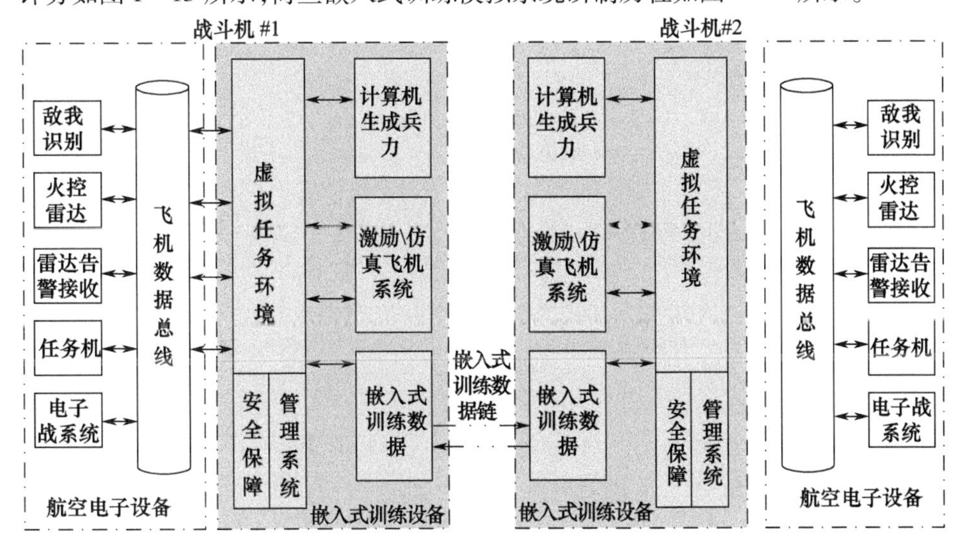

图1-12　多机的嵌入式训练仿真技术实现

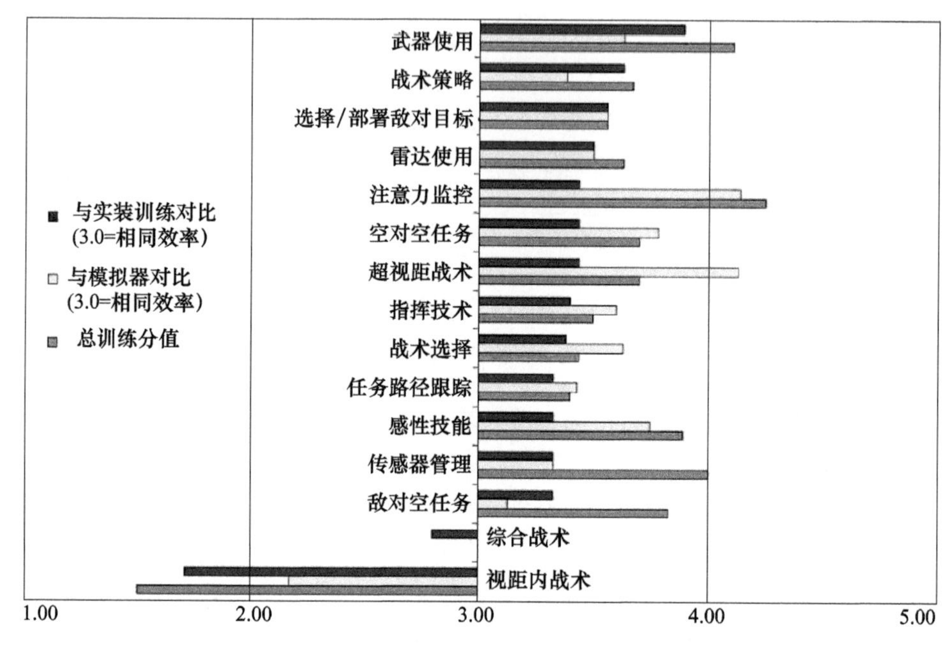

图 1 - 13　NLR 对嵌入式系统的评分

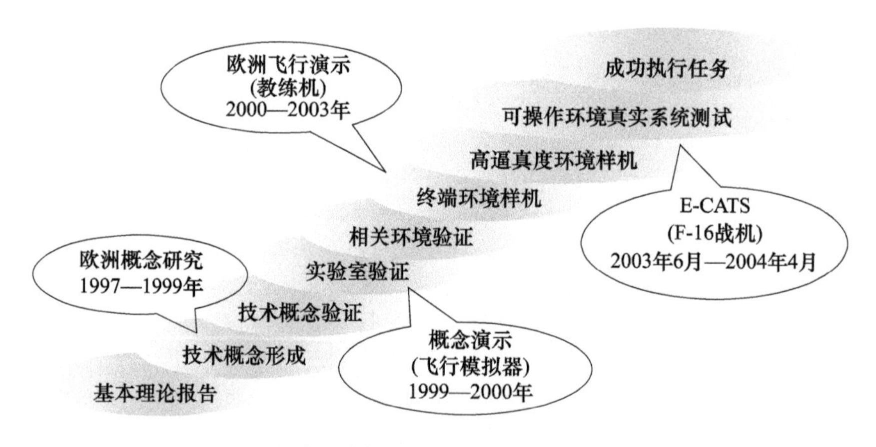

图 1 - 14　荷兰战机嵌入式训练模拟系统研制历程

意大利马基公司、伽利略航电公司等共同开发了用于 M - 346 高级教练机的“嵌入式训练模拟系统”，系统包括一个嵌入式虚拟航电卡，该卡硬件由一个单板 CPU、一些存储及控制器等组成，软件包括一套虚拟航电系统、虚拟多功能雷达、虚拟电子战、虚拟武器和地形数据库等组成，嵌入式虚拟航电卡可以快速地插入飞机的航电系统，与飞机的任务管理计算机符号发生器结合在一起完成嵌入式仿真训练功能,并通过在多功能显示器和平显上显示目标符号来提供一个真实的飞行模拟作战场景。

英国 BAE 系统公司目前也在加紧开发针对“鹰”级教练机的嵌入式训练系统,新一代“鹰”128 教练机采用了开放式结构的航电系统,BAE 系统公司为其配备的嵌入式训练系统可以模拟作战对手的多种传感器和武器,包括模拟不同性能的雷达和雷达告警接收装置,具备空空和空地作战训练所需的威胁目标、传感器及武器仿真能力,可执行空空飞行训练任务、地空导弹攻击的防御飞行训练任务。BAE 系统公司曾演示了一个虚拟作战环境,用一架“鹰”100 样机通过数据链与 3 台地面模拟器相连实施了一场 2 对 2 的空战训练,3 台模拟器中的 1 台作为虚拟僚机,另 2 台作为虚拟敌机。具有提供空空和空地作战的目标、传感器及武器系统的嵌入式训练能力。

韩国 T-50 高级教练机嵌入式训练系统由韩国航空工业公司(KAI)开发,具备空空、空地作战等多种模拟训练能力。T-50 嵌入式训练系统具有空中威胁目标、地面固定(移动)威胁目标、海面固定(移动)威胁目标、虚拟友军,以及本机的传感器、武器、空空/空地数据链等的模拟功能。KAI 嵌入式训练系统采用后,韩国空军具备了足够的训练效能,可覆盖至少 71% 的训练大纲。

1.5.3　国外嵌入式训练的未来发展趋势

通过对国外嵌入式训练发展情况的分析可以看出,嵌入式训练是在作战系统、子系统、设备等嵌入或增加的系统/装备,为维持和提高操作人员各项专业技能而提供的训练。嵌入式训练在跟上当前战争发展速度、使部队保持作战技能、在作战部署中维持技能方面必不可少。外军的嵌入式训练系统应用前景广阔,未来发展趋势主要体现在以下方面。

(1) 顶层规划中将嵌入式训练系统列为关键需求。外军过去通常将嵌入式训练系统仅仅认为是训练系统,相对于武器系统的其他部分,处于次要地位。未来将要求嵌入式训练系统在武器系统设计的时候就要考虑进去,成为武器系统的一部分,和其他作战单元一样重要。这必将促进嵌入式训练系统的发展和性能的提高。例如,美军公布的最新版《国防部训练转型实施计划》中对“重要国防采购计划中的嵌入式训练倡议”做出明确规划,包括两个方面的内容:一是保障一个与国防采购同步设计和实施相关武器装备的训练;二是在保证嵌入式训练的前提下通过全球联合训练网络,为部署在世界各地的美军部队提供及时训练。这是美军嵌入式训练系统建设的顶层规划,美军要确保嵌入式训练在国防装备的采购过程中扮演一个“关键性能参数”的角色。

(2) 嵌入式训练能力将成为未来部队能力的重要支撑。通过嵌入式训练和可部署的训练设施,无论部队的部署位置或部署时间的长短,都可以实现全球性训练,嵌入式训练是支撑未来部队训练的重要手段。未来部队需要具备以下能力:能为调遣部队快速更新条令和战术、技术与规程;快速反应动态挑战;调遣部署时或在常驻基地时,都能不添加装备来进行训练;嵌入式战术交战仿真能力;嵌入式作战指挥训练能力;全方位嵌入式实兵、虚拟和构造仿真训练能力。

(3) 嵌入式训练系统将成为作战技能生成的必备工具。未来作战任务将呈现多样化趋势,如保卫国土安全、进行人道主义援助、阻止地区冲突、实施主要作战行动等,而在频繁的任务转换中,士兵技能衰退问题突出。兵力生成模式的最终目的是拥有一个可持续和可预测的活动链,用来生成训练有素、机动灵活、战备有序的作战能力。嵌入式训练为作战指挥员提供了一种维持部队战备状态的工具。同时,为指挥员在评估和计划任务支援方面提供更大的机动性和灵活性,成为作战技能生成的必备工具。

第2章　机载嵌入式训练的系统设计

机载嵌入式训练是指在参训的真实飞机上增加或集成嵌入式仿真模块，使参训飞机在不使用真实雷达、电子对抗设备和武器的情况下，通过计算机来仿真参训飞机的机载雷达、武器和电子对抗设备，并通过仿真生成虚拟威胁目标和虚拟战场环境，通过机载设备与虚拟威胁环境交互仿真所产生的虚拟信息与飞机航电系统交联，构成一个LVC仿真训练环境，从而实现参训的单机或多机开展嵌入式战术对抗训练。

理解机载嵌入式训练系统设计的核心，主要从3个关键点着眼。一是嵌入。它是一个广义上的嵌入，可以是在物理结构和功能都嵌入到实际装备中，也可以只是功能嵌入到实际装备，而物理结构可以部分嵌入也可以是完全独立的，这取决于装备的特点和具体的训练需求。二是训练。嵌入式仿真的目的是为了训练，它既不是装备熟练度的训练，也不是战役层次的训练，而是战术层次的训练，是训练作战人员对任务的操作和反应。三是仿真系统。要嵌入的仿真系统是要完成哪些功能的仿真或是对哪些设备进行仿真，主要取决于武器装备的种类以及训练的目的。

2.1　嵌入式训练系统的应用模式

由于武器装备种类众多，而且差异性比较大，这就造成嵌入式仿真针对不同的武器装备和训练功能，LVC仿真构成模式不尽相同。例如，坦克武器装备，由于坦克射击受地形的影响较大，因此，嵌入式训练往往在真实地形环境下进行训练；又因为坦克的火炮射击不依赖于目标的特性，因此进行嵌入式训练时可以用真实的火力向虚拟目标射击，也可以用虚拟的火力向真实的目标射击。战斗机则不同，战斗机的嵌入式训练可以采用和真实地形完成不同的虚拟地形环境；如果飞机采用真实的空空导弹进行训练，则要求空中目标必须是真实的；如果采用仿真武器进行训练，则目标可以是真实的，也可以是虚拟的。

根据上述装备的差异性，按照LVC仿真环境中（除参训装备外）的虚拟要素和真实要素的构成关系，嵌入式训练一般可以分为4种训练模式。

2.1.1 全虚拟模式

这种模式下，参训实际装备训练不依靠自身真实的传感器和武器等机载设备，而是通过对自身传感器（或观瞄装置）、武器的仿真进行嵌入式训练，与其进行战术对抗训练的智能蓝军（对手）也是虚拟的，训练所处的战场环境也是虚拟的。

全虚拟模式除参训实际装备平台外，训练所用的任务装备、训练对手以及训练环境都是虚拟的，因而具有以下显著的特点。

（1）嵌入式训练不受对手的限制，训练只考虑自身装备所处的活动区域（或空域）即可，大大压缩了训练区域（或空域），组织实施训练难度降低。

（2）嵌入式训练采用了虚拟的战场环境，与参训装备自身所处的实际环境无关，因而，可以任意时刻在驻地开展任意感兴趣区域执行任务的训练，达到了任意构建训练场景的目的。

（3）嵌入式训练采用的是对自身真实的传感器（或观瞄装置）和武器等仿真后的虚拟传感器（或观瞄装置）与武器（训练时，真实的传感器和武器要关闭），因而，不受任务装备使用的限制，可以开展全武器、全过程、全要素的训练，同时也极大地降低了训练的安全风险和训练成本。

战斗机的嵌入式训练则可采取这种模式，在虚拟的战场环境中利用虚拟的机载设备完成与虚拟智能目标的对抗，如图 2－1 所示。主要是参训的战斗机与嵌入式仿真设备产生的虚拟目标或威胁进行的对抗训练，参训飞行员驾驶真实战斗机，目标/威胁、飞行员所用传感器和武器都是由嵌入式仿真设备仿真实现。训练过程中，对虚拟目标/威胁的搜索、跟踪、识别、武器攻击和电子对抗通过仿真实现，相关虚拟场景和战场态势通过数据链在参训飞机间同步。该模式适合开展战斗机武器系统使用训练、中远距武器攻击训练、视距外战术训练等课目。

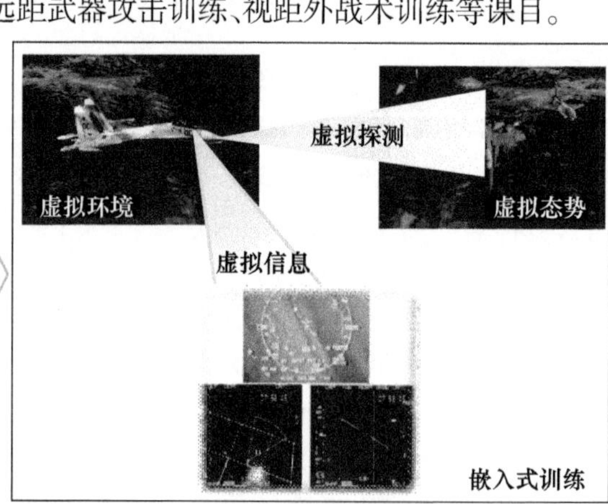

(a)

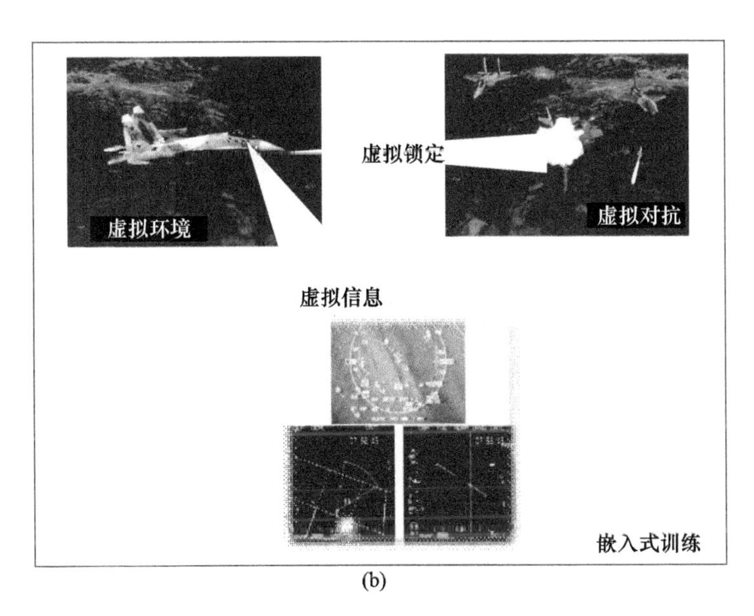

(b)

图 2－1　全虚拟模式示意图

2.1.2　真实环境、虚拟火力和虚拟目标

这种模式下，进行战术对抗的战场环境是实际装备所处地形环境物理特性的真实反映，是在真实的环境中完成嵌入式训练，且是采用仿真的实装设备（传感器、武器）与虚拟的智能目标进行战术对抗。

这种模式是在真实的环境中所进行的训练，因此，要受参训装备真实的环境限制，而且训练所需的智能对手目标是虚拟的。一般情况下，需要采用增强现实技术实现，即要将真实的世界环境信息和虚拟目标信息“无缝”集成，要通过计算机技术，将对手目标的视觉信息（三维建模）仿真后叠加到真实世界环境中，让嵌入式训练的参训作战人员运用仿真的传感器（或观瞄装置）所感知，而后利用仿真的武器对虚拟目标进行攻击。

这种模式的典型特点如下。

（1）通过增强现实技术在真实的环境（地形）上叠加虚拟目标，嵌入式训练环境比较逼真，沉浸感强。

（2）嵌入式训练采用的是仿真的传感器（或观瞄装置）和武器（训练时，真实的传感器和武器要关闭），因而，不受任务装备使用的限制，可以开展全武器、全过程、全要素的训练，训练安全风险和训练成本低。

（3）嵌入式训练利用的是真实的环境（地形），因而，训练不能脱离真实的环境(地形),不能进行跨域训练。

地面武器装备的嵌入式训练则可采取这种模式,即依托真实的地形,利用虚拟的任务设备(传感器和武器)与虚拟的目标进行战术对抗,如图2-2所示。

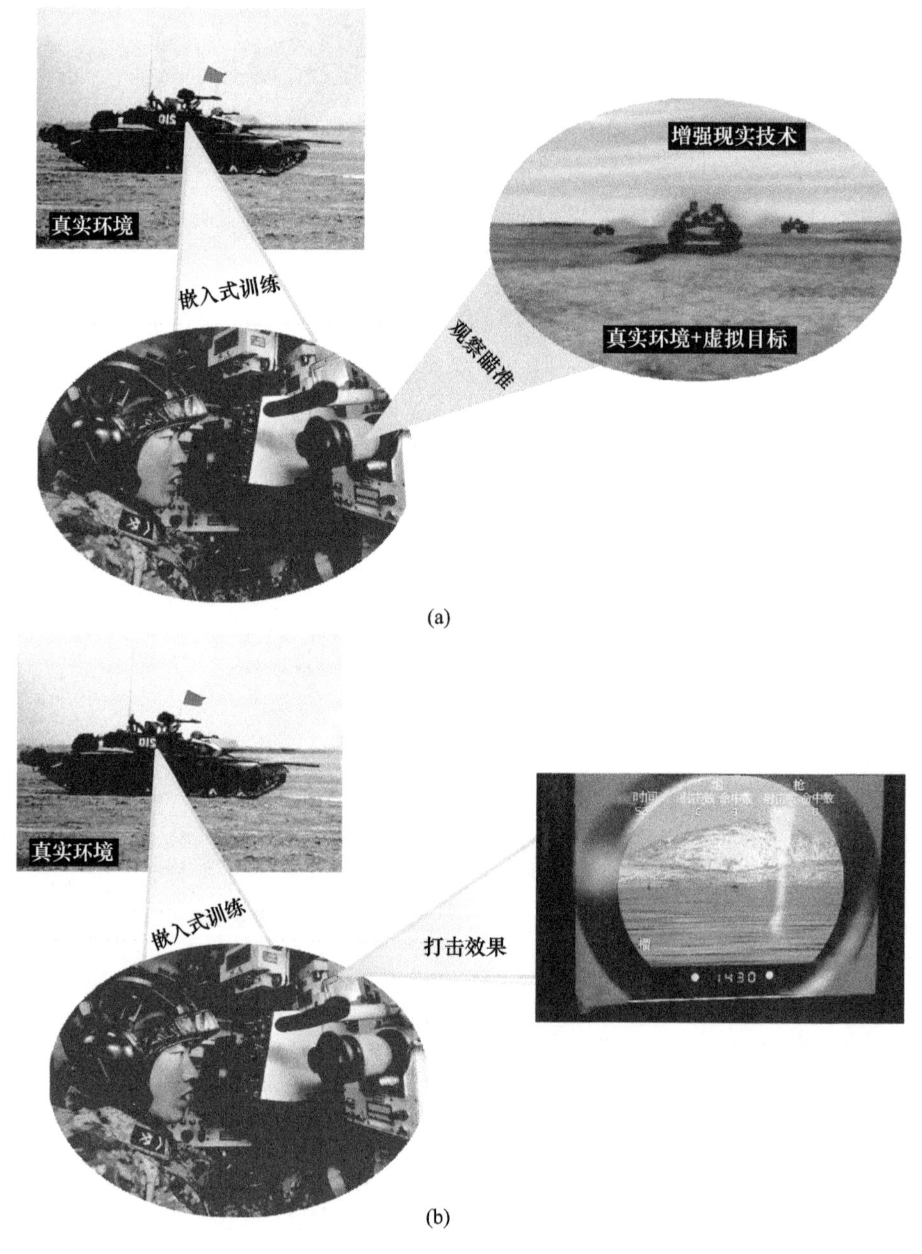

图2-2 真实环境、虚拟火力和虚拟目标模式示意图

2.1.3　真实火力、真实环境和虚拟目标

这种模式下,战场环境也是实际装备所处地形环境物理特性的真实反映,参加嵌入式训练的实际装备采用仿真的传感器(或虚拟观瞄装置)对虚拟的目标进行感知,而后运用真实的武器对虚拟目标进行攻击。

这种模式也是在真实的环境中所进行的训练,要受参训装备真实的环境限制,而且目标也是虚拟的,也需要采用增强现实技术实现,即要将对手目标的视觉信息(三维建模)仿真后叠加到真实世界环境中,让嵌入式训练的参训作战人员运用仿真的传感器(或观瞄装置)所感知,而后利用真实的武器对虚拟目标进行攻击。

这种模式的典型特点如下。

(1) 通过增强现实技术在真实的环境(地形)上叠加虚拟目标,嵌入式训练环境比较逼真,沉浸感强。

(2) 嵌入式训练采用的是仿真的传感器(或观瞄装置),而采用真实的武器进行攻击,一般适用于武器比较廉价的,平时训练可以消耗的武器装备。

(3) 嵌入式训练利用的是真实的环境(地形),因而,训练也不能脱离真实的环境(地形),不能进行跨域训练。

地面武器的射击训练可以采用这种方式,即在真实的地形上,利用仿真的传感器(或虚拟观瞄装置)对虚拟的目标进行探测(或观瞄),而后用真实的火炮或炮弹对虚拟目标进行射击,如图 2－3 所示。

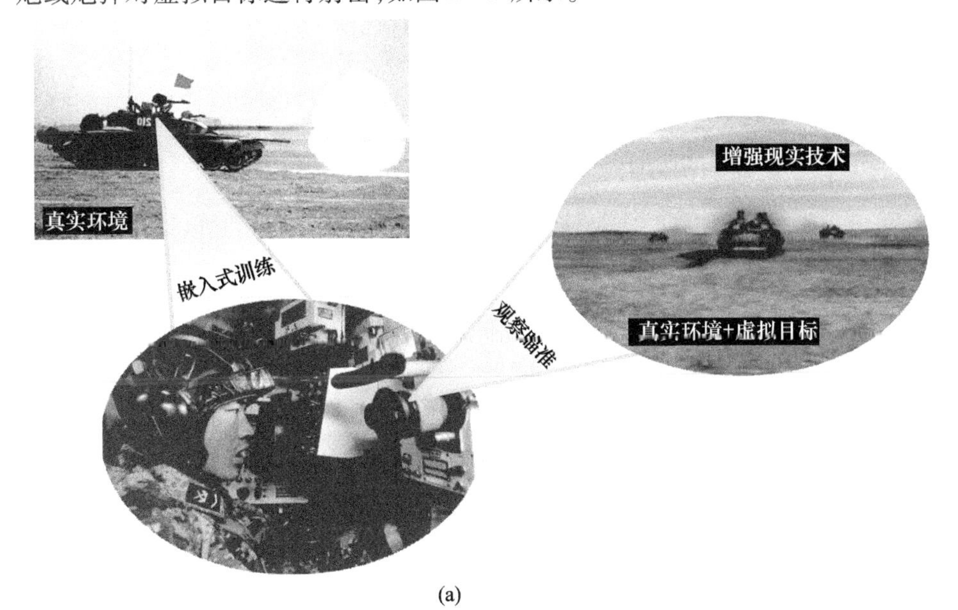

(a)

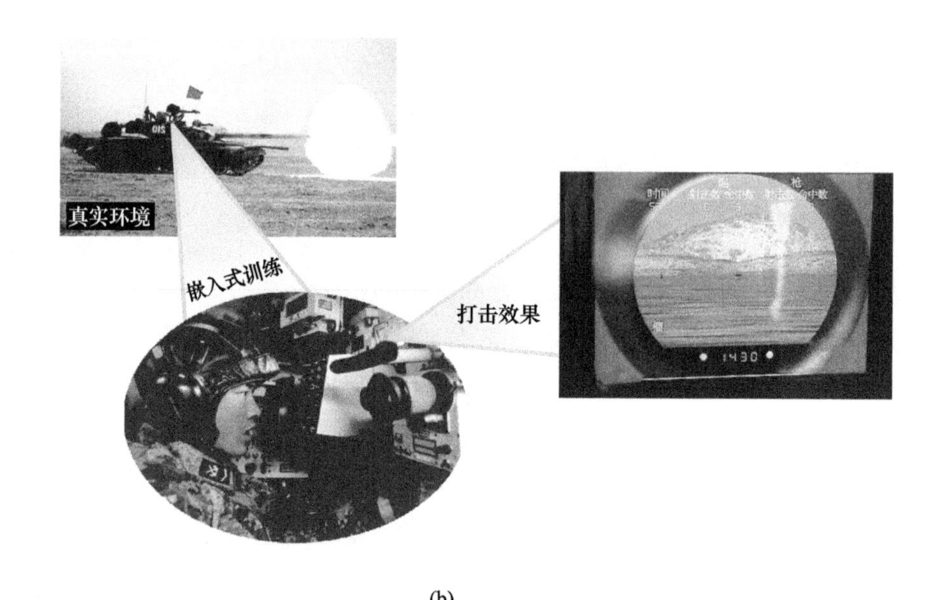

(b)

图 2－3　真实火力、真实环境和虚拟的目标模式示意图

2.1.4　虚拟火力、真实目标和真实环境

这种模式下,参训的实际装备是在真实的环境中运用实装真实的传感器(或观瞄设备)对真实的目标进行探测(或观瞄),而后运用对实装配套武器仿真后的虚拟的火力对真实的目标进行攻击,从而达到嵌入式训练的目的。

这种模式是在真实的环境下和真实的目标进行对抗,除了用的攻击武器是虚拟的外,训练中涉及的其余装备都用的是实装真实的装备。

这种模式的典型特点如下。

(1) 由于自身训练装备和对手装备都是真实的,因而,训练区域(空域)较大,需考虑双方共同活动的区域(空域),组织实施难度较大。

(2) 训练双方都是实装,需要限制双方活动的安全距离或范围,存在较大的训练安全风险,训练成本较高。

(3) 参加嵌入式训练的双方都是采用实装进行训练,训练环境比较真实,但参训一方扮演红方,参训另一方扮演蓝方,扮演蓝方的一方必须演真扮像,无论是武器装备还是战术战法,必须像真实的蓝军。这对训练提出了很高的要求。

(4) 除了攻击对方的武器是虚拟外,其余都是运用实装设备,因而,武器操作流程能贴近实际,加入虚拟火力后,能够开展全武器、全过程、全要素的训练。

美军的“红旗军演”以及我国的ACMI系统都采用的是这种方式，属于实装对实装模式，主要用于在特定的训练或试验基地开展检验性考核，用来检验部队总体的训练水平。主要是指依托ACMI设备进行的实兵对抗训练。在该种模式下，参与对抗的红蓝双方兵力都是由真实装备充当，包括空中飞机、地面防空系统等，训练中各参训兵力使用真实的探测设备进行搜索、跟踪、识别、武器的中制导，使用真实干扰设备进行电子对抗，武器攻击、与武器相关的告警和电子对抗均通过嵌入式训练设备仿真实现，嵌入式训练设备还对武器攻击及其电子对抗结果实施评估，如图2－4所示。

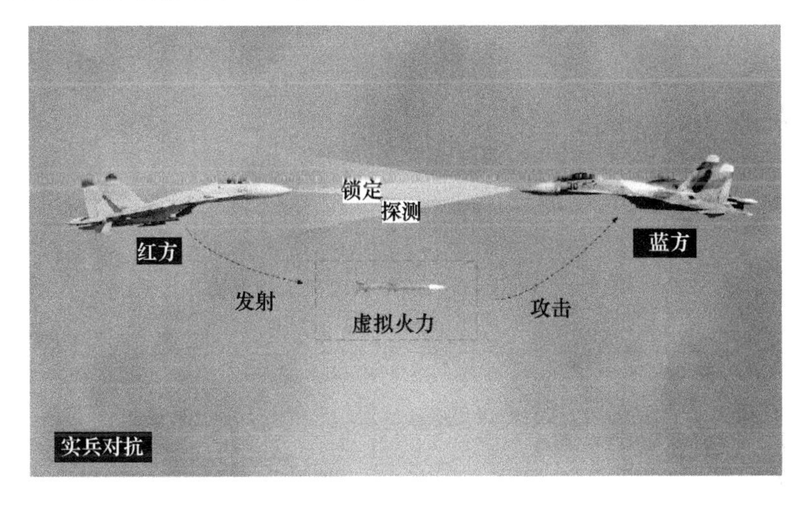

图2－4　虚拟的火力、真实的目标和真实的环境模式示意图

以上4种模式从宏观上不存在谁优谁劣的问题，需要具体针对装备和武器的特点，以及不同的训练需求，具体分析采用哪种训练模式。但无论采用哪种模式，它本质上都属于LVC仿真，是典型的嵌入式仿真。

从以上4种嵌入式训练模式都是实装和仿真系统之间组成LVC环境的训练，从实装和构造仿真构成的训练环境外，还可延伸出实装对模拟器运用模式、混合运用模式等训练环境。

1. 实装对模拟器运用模式

实装与模拟器模式是指利用嵌入式训练设备与地面模拟器相结合的训练方式。以战斗机实装和模拟器对抗训练为例，此时，机载的嵌入式训练设备不进行仿真，只是在战斗机和模拟器之间搭建LVC仿真训练环境，负责将战斗机的姿态和飞行员的操控信息数据采集并通过数据链或数传电台下传到地面模拟器（可以是飞行模拟器也可以是地空导弹模拟器或其他兵种模拟器），地面模拟器根据下传数据信息将对抗目标在模拟器环境中进行还原,作为可以和模拟器进行模拟对抗的敌对目标,在模拟器环境中完成对抗仿真,而后将仿真后的态势信息通过数据链或数传电台上传给空中参训战斗机的机载嵌入式训练设备,通过数据总线接口进入战斗机实装的航电系统,而后将相关信息显示在飞机的各个显示终端(或以语音告警方式),飞行员根据显示终端的显示信息(或语音告警信息)完成对抗训练。在该模式下的训练过程中,训练环境中的各种兵力状态通过数据链或数传电台在战斗机实装与模拟器间同步。与单纯的实装对构造仿真模式相比,战斗机的对抗兵力(训练对手)由"人在环路"来控制,训练更加灵活。

2. 混合运用模式

混合运用模式是指实装对实装、实装对构造仿真、实装对模拟器 3 种模式的任意组合运用。在该模式下,通过统一的接口标准规范,可将多种训练模式的训练装备相连,从而构成一个体系对抗训练环境,提高体系对抗环境下的训练能力;也可以根据各个武器装备的特点,灵活组合训练模式,降低训练系统实现的难度。

上述几种训练模式中,战斗机的全虚拟构造仿真运用模式是本书介绍的重点内容,它和目前常见的 ACMI 相比,特点如表 2-1 所列。从对比可以看出,全虚拟模式的嵌入式训练非常适合在驻地开展日常战术课目的对抗训练。

表 2-1 全虚拟嵌入式训练和 ACMI 比较

项目	全虚拟模式	ACMI
训练样式	"实-虚"对抗训练	"实-实"对抗训练
空域需求	小(单方空域)	大(双方空域)
雷达	虚拟仿真雷达	真实雷达
武器	虚拟仿真武器	虚拟仿真武器
电子对抗	虚拟电子对抗设备	真实电子对抗设备
组织难度	低	高(飞机高度差)
安全风险	低	高(空中碰撞)

2.2 机载嵌入式训练系统的总体设计

2.2.1 系统设计原则

机载嵌入式训练系统的总体设计,是开发研制机载嵌入式训练系统的前提和基础,必须在系统研制总体方案确定前完成。机载嵌入式训练系统的设计:首先应该考虑满足各种战术课目训练的功能需求,以面向多样化作战任务、面向战场动态变化和面向新兴空中或地面威胁为基础,研究并开展机载嵌入式训练系统的功能设计;其次再从系统组成结构去研究结构设计,组成结构设计涉及结构布局、接口协调、实现途径、性能指标、经费与成本估算等。

针对新研战斗机和尚未定型的战斗机来开发嵌入式训练功能,可以在研制过程中将嵌入式训练功能进行一体化设计,提高嵌入式训练功能与实装飞机的兼容性和一体性;对于已经服役的战斗机来开发嵌入式训练功能,则需要对已服役战斗机进行改造和安装嵌入式训练设备。无论是对于新研战斗机、尚未定型的战斗机还是已经服役的战斗机,嵌入式训练系统的设计一般遵循如下共同的原则。

(1) 充分利用机上现有资源,遵循系统改动最小化原则。

(2) 设计后不影响飞机原系统的功能、性能和飞机安全性。

(3) 能合理利用最新技术,系统具有先进性的同时,也应采用成熟技术,降低研制、验证风险和设计使用成本。

(4) 尽可能采用标准化、通用化和模块化的结构设计,提高嵌入式训练系统部件、接口的标准化程度,提高系统的复用性。

(5) 尽可能采用开放式系统体系结构来提高系统的扩展、升级改造能力,延长技术寿命。

(6) 在规定的使用环境条件下,嵌入式训练系统各部分必须保证工作可靠和使用安全,并满足质量特性和电磁兼容特性要求。

(7) 在嵌入式训练状态下,系统的显示控制、武器操作与原系统相同。

(8) 仿真模型准确合理,满足战术训练的需要。

2.2.2　系统总体功能要求

(1) 训练控制功能。实现对嵌入式训练过程的系统初始化、训练开始、训练暂停、训练停止等控制管理功能,能够在作战模式与嵌入式训练模式之间进行转换。

(2) 实现训练想定生成和加载的功能。能够根据训练预案,完成训练想定的制定,生成各种不同训练背景、训练对手、训练课目等战术对抗想定数据,并能够为参训飞机进行想定数据加载。

(3) 实现贴近实战的“实 - 虚”战术对抗训练的功能。通过 CGF 技术能够为飞行员战术训练提供具有智能性、真实性的“蓝军”兵力,使飞行员能在近似实战的环境中完成实装与虚拟智能对手之间的对抗作战,实现只需一架飞机或一个编队即可完成战术对抗训练任务。

(4) 训练过程中能进行仿真干预功能。在嵌入式训练过程中,地面指挥人员可以对虚拟智能对手以及“实－虚”对抗过程进行干预,可对虚拟智能对手自主选择的战术行为进行干预,按指挥员指定的战术行为执行;可在训练对抗过程结束后对仿真系统进行干预,能在指定的空域位置重新产生一批新的虚拟智能对手,执行新的对抗任务。

(5) 对参训飞行员指挥引导。在嵌入式训练过程中,地面指挥人员能够对参训飞行员进行指挥引导,确保嵌入式训练的顺利进行。

(6) 对参训飞机的飞行训练安全进行监控。在嵌入式训练过程中,系统能够实时监控飞行员的操控以及飞机的飞行姿态和运行状态(如飞行员的危险操作、飞机飞行高度、编队飞机之间距离等),确保训练的安全。

(7) 实现态势实时监控的功能。可以通过数据链或数传电台,将参训飞机与虚拟智能对手的双方对抗态势信息实时传输到地面,指挥员可实时掌握空中虚拟作战态势。

(8) 训练过程数据记录功能。能够实时详细记录飞机的姿态、飞机状态、飞行员操控指令、虚拟智能对手的飞行姿态、虚拟智能对手的飞机状态、虚拟智能对手的战术决策以及采用的战术动作等数据信息。

(9) 实现实时评估和离线分析评估的功能。通过对虚拟武器完整攻击的模拟仿真,可以给出实时的评估结果;根据训练过程中记录的各项数据,在训练后可进行详细的分析和评估,并可复现作战对抗过程。

2.2.3 系统组成

机载嵌入式训练系统主要由5个分系统组成,即嵌入式仿真系统、数据采集设备、数据传输设备、参训飞机和地面训练任务支撑环境。其中嵌入式仿真系统主要完成对参训飞机相应的机载设备(包括雷达、电子对抗、武器等)以及和虚拟威胁环境之间的交互仿真;数据采集设备安装在参训的飞机装备上,用于采集飞机的飞行状态数据及飞行员的各项操控指令;数据传输设备主要将采集后的数据通过数据接口或数据传输链路传入到嵌入式仿真系统中,以及将训练的态势数据传输到地面的训练任务支撑环境;地面训练任务支撑环境要完成训练想定的制定、指挥引导、态势监控、作战过程回放和训练成绩评估等功能。

1. 嵌入式仿真系统

嵌入式仿真系统是嵌入式训练系统的核心,主要完成机载设备模拟、作战环境仿真(包括战场环境、虚拟智能对手等)以及仿真控制管理等功能,为飞行员的嵌入式训练提供所需的各种虚拟信息源,用于支撑实装飞机设备(如任务机、显控机等）运行并与实装飞机形成一个完成的信息处理链路。虚拟信息源包括作战环境、机载设备状态、机载设备与作战环境的交互等仿真数据。嵌入式仿真系统的组成主要由仿真控制管理、传感器和武器仿真、虚拟智能对手仿真、战场环境仿真和仿真数据记录等模块组成，如图 2－5 所示，其功能如下。

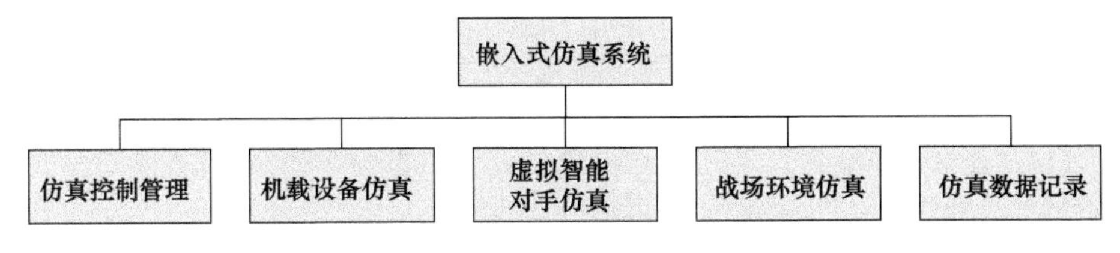

图 2－5　嵌入式仿真系统的模块组成

（1）仿真控制管理模块。主要控制仿真系统的运行，允许飞行员启动、停止仿真运行，加载想定数据并分发给其他模块；协调控制各个仿真模块的同步运行；管理与外界的交互，接收外部输入后将数据分发给其他模块；将运算结果输出给仿真系统外的其他模块。模拟管理系统控制整个仿真系统的过程。

（2）机载设备仿真。依据采集的参训飞机的飞行状态数据和飞行员操控指令，可模拟参训飞机的机载雷达、外挂武器、电子对抗等状态信息、工作模式等，以及模拟导弹发射前的状态、发射后的飞行弹道、命中目标情况等。需要用仿真设备代替真实机载设备并和虚拟智能对手仿真模块进行交互仿真，如图 2－6所示。

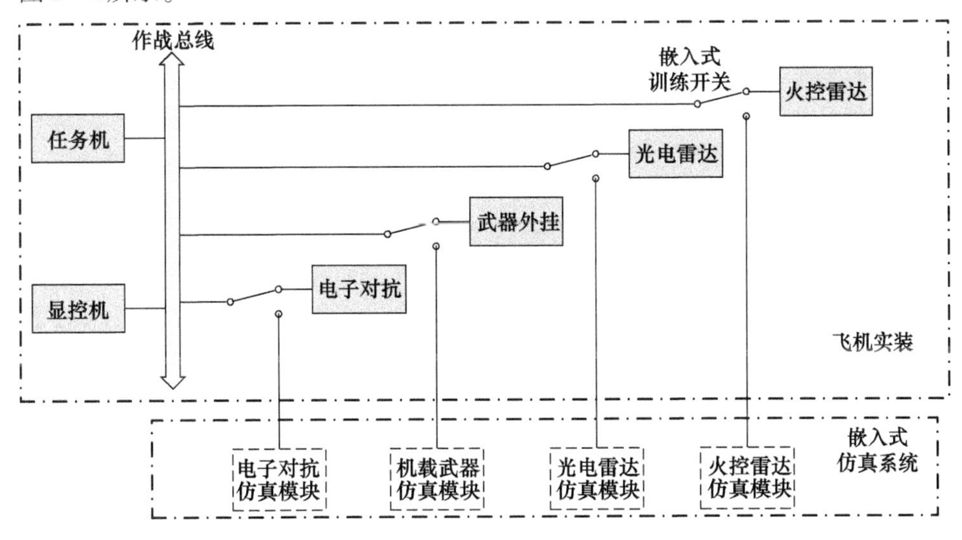

图 2－6　用虚拟仿真模块代替真实的机载设备

（3）虚拟智能对手仿真。通过CGF技术生成具有智能性和真实性的“蓝军”对手兵力（也可以生成部分红军兵力），能够进行自主观察、自主判断、自主决策和自主执行，能够实现各种参演角色的扮演功能，通过和机载设备仿真模块交互仿真，实现参训飞机与虚拟智能对手的“实－虚”战术对抗训练。

（4）战场环境仿真。完成对虚拟地形、电磁、时间、大气环境等战场环境的仿真。

（5）仿真数据记录。实时记录仿真过程中的参训飞机、虚拟智能对手、作战态势、战场环境等数据，能支持训练过程回放和训练成绩分析评估。

2. 数据采集设备

数据采集设备分系统是连接在参训飞机总线上，用于采集飞机的飞行状态数据及飞行员的各项操控指令，并作为嵌入式仿真系统机载设备仿真模块的输入。主要从参训飞机上采集飞机的飞行状态数据、大气及惯导数据，以及采集飞行员的各个操控指令（如雷达模式选择、武器选择、目标锁定、导弹发射等），用于对机载设备进行仿真。

3. 数据传输设备

数据传输设备主要完成两个方面的功能。

（1）实现仿真系统与参训飞机之间的数据传输，主要通过数据总线接口的方式实现。要将从参训飞机上采集的飞行状态数据和飞行员操控数据下传给嵌入式仿真系统，用于机载设备与虚拟智能对手的交互仿真。同时，还要将仿真后的态势信息按照飞机总线数据格式要求发送到飞机的作战总线上，通过任务机解算后能够实时将信息显示到飞机的各个显示终端。

（2）实现仿真系统与地面训练任务支撑环境之间的数据传输，主要通过数据链或数传电台的方式实现。将嵌入式仿真系统中参训飞机与虚拟智能对手的作战态势信息通过数据链或数传电台下传到地面训练任务支撑环境，实现训练态势的实时监控功能。此外，如地面指挥员需要对仿真过程进行干预（干预虚拟智能对手的战术行为、在指定位置重新产生一批目标等）时，还要将地面指挥员的干预命令通过数据链或数传电台上传给机载嵌入式仿真系统，嵌入式仿真系统根据干预指令做出响应。

4. 参训飞机

参与嵌入式训练的实装飞机，由飞行员驾驶实装飞机在空中完成与计算机仿真生成的虚拟智能对手的战术对抗训练任务。参训飞机要进行嵌入式训练，需要安装嵌入式仿真系统，要对参训飞机进行必要的适应性改装。能够将实装飞机和嵌入式仿真系统一起构成LVC仿真运行环境，将实装飞机的状态数据和飞行员操控指令作为仿真系统输入,将交互仿真后的态势信息再反馈给飞机和飞行员,在飞机的各显示终端上进行显示,飞行员依靠这些信息完成战术对抗任务。

5. 地面训练任务支撑环境

地面训练任务支撑环境是嵌入式训练的必要辅助训练设备,完成训练想定的制定、态势的实时监控、训练后的分析评估等辅助训练功能。地面训练任务支撑环境主要由训练想定制定、指挥引导、仿真干预、态势监控、训练成绩评估和作战过程回放等模块组成,如图 2 -7 所示。

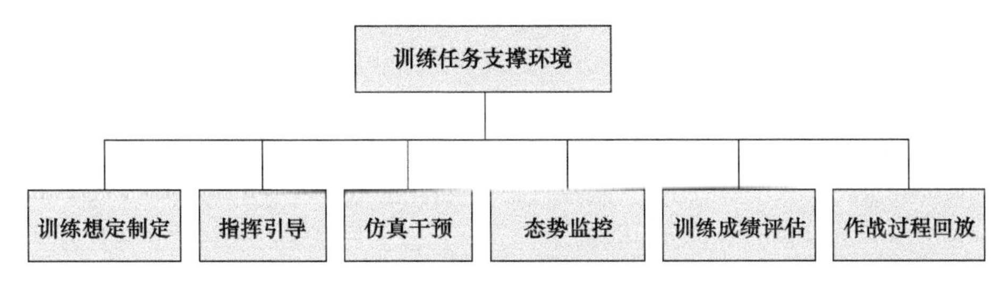

图 2 -7　地面训练任务支撑环境的模块组成

(1) 训练想定制定。主要是根据训练预案,完成嵌入式训练的训练背景、训练区域、训练课目、武器挂载、作战对手、战场环境等想定内容的设置功能;实现想定的打开、编辑、删除、保存、导出等功能。

(2) 指挥引导。为嵌入式训练的有效进行,必要时,实现对参训飞机和飞行员的指挥、引导等功能。

(3) 仿真干预。当地面指挥员需要对仿真过程进行干预(干预虚拟智能对手的战术行为、在指定位置重新产生一批目标等)时,能根据指挥员的意图,产生对仿真系统的干预指令,并借助于数据传输链路传输给嵌入式仿真系统。

(4) 态势监控。嵌入式训练的指挥员,能够在地面实时监控空中参训飞机的"实 - 虚"对抗态势,对空中嵌入式训练过程进行全程掌控。

(5) 训练成绩评估。通过训练过程中记录的完整数据,完成对训练过程详细的分析评估,以达到训练一次提高一次的目的。

(6) 作战过程回放。根据在训练过程中记录的完整数据,能够复现作战对抗过程,便于查找训练中存在的问题和不足。

6. 分系统各模块功能

嵌入式训练各分系统及模块的主要功能如表 2 -2 所列。

表2-2 分系统模块的主要功能

编号	子系统	功能描述	需求分析
1	嵌入式仿真系统	对机载火控雷达进行模拟	能够提供探测、跟踪、识别、瞄准、锁定等的模拟
2		对光电雷达的模拟	对光电雷达进行模拟
3		对武器外挂的模拟	根据任务规划数据设置参训飞机的挂载武器，模拟发射前武器状态
4		对空空导弹武器进行模拟	能够提供武器信息、武器投放、制导、飞行弹道和毁伤结果的模拟
5		对电子对抗装置进行模拟	能对雷达告警以及有源、无源干扰等电子战功能的模拟
6		对虚拟智能对手和己方虚拟编队飞机的模拟	空中虚拟战术成员的姿态、战术决策、战术动作、数据链、探测、跟踪、锁定、武器发射、导弹轨迹、命中结果等模拟
7		对战场环境的仿真	大气、气象、电磁环境等模拟
8		训练想定的加载功能	能够将训练想定数据通过存储卡(或专用设备)加载到嵌入式仿真系统中
9		仿真控制管理功能	实现仿真的初始化、开始、停止等控制管理功能
10		仿真数据记录功能	包括飞机、虚拟成员、环境、态势等的各项数据，用于训练后成绩评估、过程回放等
11		安全监控功能	实时监控飞机的安全状态，当出现危险情况时，要给飞行员发出告警信息，确保训练安全
12	参训飞机	采集飞机状态数据、操控指令功能	采集飞机的各种状态数据和操控指令，并传输给嵌入式仿真系统进行交互仿真
13		飞机上虚拟态势、虚拟武器等信息的显示功能	将仿真后上传的各种信息显示在飞机的各种显示终端上，飞行员根据终端信息完成嵌入式训练
14		启动嵌入式训练的开关按钮	用于进入或退出嵌入式训练模式
15		虚拟告警信息的显示	以声音或图像的形式显示各种告警信息

（续）

编号	子系统	功能描述	需求分析
16	地面训练任务支撑环境	训练想定制定	实现训练想定的制定、编辑、导出的功能
17		二/三维态势监控	实现二维和三维作战态势的实时监控
18		实现指挥所的指挥引导	将地面支持系统联入指挥所，实现指挥所的指挥引导功能
19		训练过程干预	地面指挥员对嵌入式训练过程进行干预，用于增加训练难度、增加训练内容等功能
20		训练成绩分析评估和过程回放	利用存储卡中记录的数据进行训练成绩的详细的分析评估，并可再现训练过程
21		无线数据链路传输功能	将训练过程中的态势数据传输到地面任务支撑环境，以及将干预命令上传嵌入式仿真系统

2.2.4　系统交互流程

如图 2－8 所示，嵌入式仿真系统的信息交互流程如下。

首先，在地面训练任务支撑环境中完成训练想定的制定，而后用专用的设备（存储卡或读写卡设备）给嵌入式仿真系统进行加载。

飞行员驾驶参训飞机进行指定的训练空域，然后启动进入嵌入式训练模式，当接收到嵌入式训练的控制命令后，仿真控制管理模块读取存储卡中的想定数据，并对仿真其他模块进行初始化数据加载，仿真控制管理给其他仿真模块发送仿真开始命令。

开始仿真后，机载火控雷达仿真模块、导弹武器仿真模块、电子对抗模块接收采集来的参训飞机状态数据和飞行员操控指令，然后和虚拟智能对手仿真模块进行交互仿真。

数据记录模块实时记录各项状态数据、仿真数据、态势数据。

机载火控雷达仿真、导弹武器仿真、电子对抗仿真模块将交互仿真结果传输给仿真控制管理模块。

仿真控制管理模块将仿真结果数据按照总线一致的消息标准格式进行数据处理，通过数据传输设备上传给参训飞机，进入参训飞机的作战总线。

参训飞机作战总线接收到仿真数据后，经任务机解算后，将仿真武器外挂

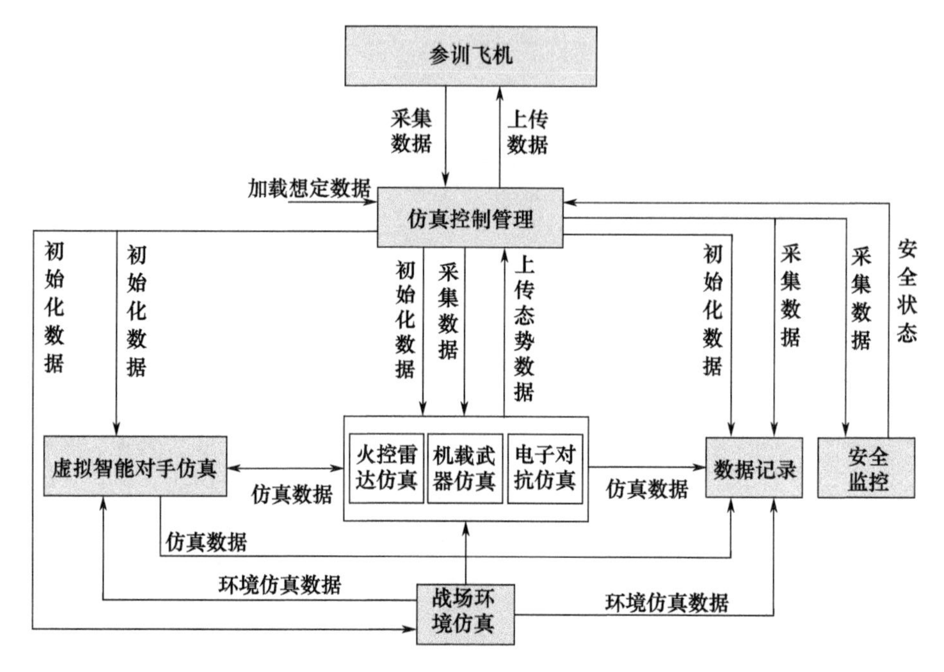

图 2-8　嵌入式仿真系统的信息交互流程

信息、雷达模式状态信息、虚拟智能对手信息、作战态势信息等在飞机的平显以及下显等显示终端上实时显示出来。

安全监控模块实时监控参训飞机的当前状态，当出现安全隐患或危险情况时，将警告信息按照语言或图像信息，上传给参训飞机和飞行员。

2.3　机载嵌入式训练各分系统设计

2.3.1　参训飞机改装

参训飞机是飞行员进行嵌入式训练的主要平台，其要能进行嵌入式训练，需要和仿真系统进行连接构成一个闭合回路，搭建成一个 LVC 的仿真训练环境。因此，无论采取哪种嵌入式实现方式，参训飞机都要进行数据接口改装，嵌入式仿真系统要联入参训飞机的任务总线，并且嵌入式训练时，要关闭（或任务机不再接收真实设备端口数据）参训飞机的真实的机载设备（火控雷达、武器、电子对抗等设备），如图 2-9 所示。此外，还需要对参训飞机进行适应性改装，以满足进行嵌入式训练的需要。改进显示控制管理分系统软件，增加嵌入式训练的显示控制等功能。

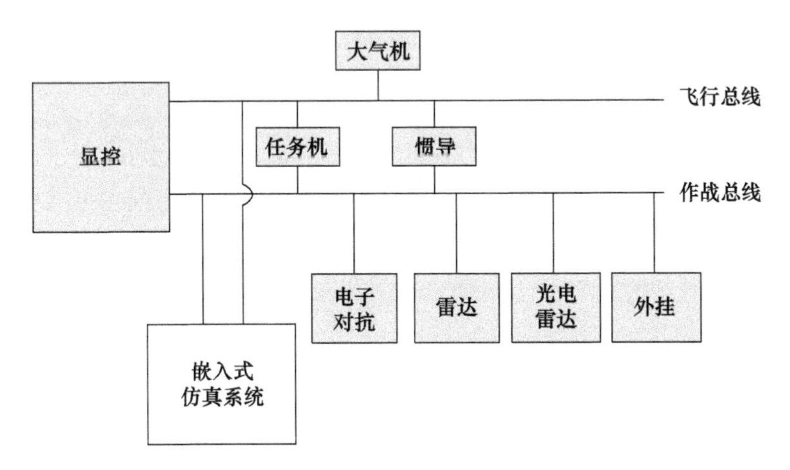

图 2－9　参训飞机和嵌入式仿真系统的连接图

2.3.2　嵌入式仿真系统

嵌入式仿真系统是嵌入式训练中最重要的分系统，是和参训飞机进行交互的核心系统，实现对训练中所有设备、威胁对手、战场环境的仿真，以支撑参训飞机训练所需的各种信息需求。

嵌入式仿真系统的模块组成如图 2－10 所示，主要包括仿真控制管理、虚拟智能对手仿真、机载火控雷达仿真、机载光电雷达仿真、机载电子对抗仿真、机载武器仿真、战场环境仿真、仿真数据记录和安全监控等模块组成。

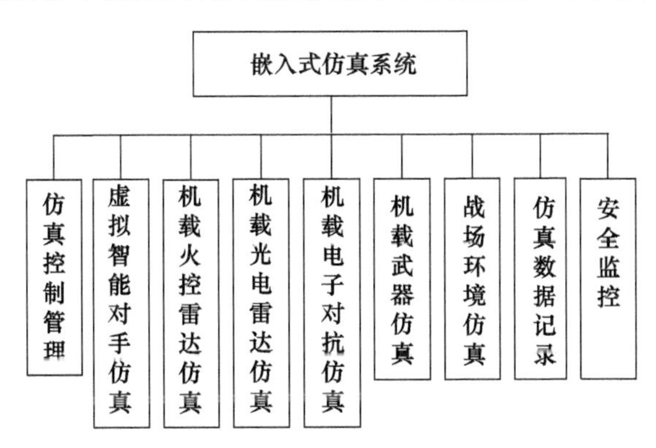

图 2－10　嵌入式仿真系统的软件模块

（1）仿真控制管理。主要协调控制各仿真模块的同步运行，读取数据存储卡的想定数据，控制整个仿真系统的初始化、启动和退出仿真；进行采集数据指令的解析以及地面干预指令的解析；进行数据标准格式转换。

(2) 虚拟智能对手仿真。通过 CGF 技术生成虚拟的智能仿真蓝军成员，实现各种参演角色的扮演功能。能够实现飞机的姿态、飞行轨迹、战术决策、战术动作、电子干扰、探测、跟踪、锁定、武器发射、导弹轨迹、命中结果等模拟。

(3) 机载火控雷达仿真。根据飞机的状态和飞行员的各种操控指令,完成对机载雷达的探测、识别、跟踪、导弹制导等的模拟。

(4) 机载光电雷达仿真。根据飞机的状态和飞行员的各种操控指令,完成对光电雷达的模拟。

(5) 机载电子对抗仿真。根据飞机的状态和飞行员的各种操控指令,完成对雷达告警、主动电子干扰、被动电子干扰等的模拟。

(6) 机载武器仿真。根据飞机的状态和飞行员的各种操控指令,完成外挂导弹武器的状态以及导弹武器发射后的制导、飞行弹道和毁伤结果等的模拟。

(7) 战场环境仿真。实现对训练区域的地形、气象、电磁环境等的仿真。

(8) 仿真数据记录。实现对仿真过程中各种数据的记录,用于训练后的训练成绩详细分析与评估,并能实现训练过程的回放。

(9) 安全监控。实时监控飞机的状态,当飞机出现危险情况时(飞行高度或距离低于安全值、飞出训练区域、编队飞机距离小于安全值等),向飞行员发出告警信息,提示飞行员退出危险状态。

1. 仿真控制管理模块

仿真控制管理模块是嵌入式仿真系统有序运行的重要工具,它是根据仿真需求,对仿真系统中各类模块的运行、数据的输入输出进行控制。仿真控制管理模块的功能及实现流程主要体现在以下 5 个方面:一是通过数据存储卡调用接口,读取数据存储卡中相应的想定数据并完成对各仿真模块的初始化;二是仿真时间推进,控制各仿真模块进行同步仿真运行;三是控制仿真系统的开始、停止等系统运行;四是接收采集的飞机状态数据和飞行员的操控指令,解析数据后分发给相应的仿真模块;五是接收仿真结果数据并进行数据标准化,按照飞机总线消息标准格式和时间步长输出数据。其中,仿真引擎作为仿真控制管理模块的重要组成部分,主要用来完成想定数据的初始化、系统仿真与动态管理、数据的输入输出等内容。

2. 虚拟智能对手模型

模拟对抗训练是和平时期提高训练水平的一个有效手段,在部队战斗力生成中发挥着重要的作用。但目前的对抗训练往往是由己方人员来扮演蓝军对手,无论是在武器装备、战术意识、战法运用等方面与真正的蓝军相去甚远,蓝军不真不像的问题比较突出，致使对抗训练始终在低层次上徘徊，训练与未来实战严重脱节，达不到红蓝对抗训练的目的。近几年来，随着人工智能和仿真技术的极大发展，虚拟智能蓝军（美军称为虚拟智能红军）技术取得了突出成绩，Google 公司 DeepMind 团队开发的 AlphaStar 和辛辛那提大学旗下 Psibernetix 公司的 ALPHA 智能空战系统就是最成功的案例。将人工智能技术和敌军的武器装备、作战原则、战术运用相结合，生成具有智能性、真实性的模拟蓝军，是目前红蓝对抗中解决蓝军不真不像的主要技术途径。

开发虚拟智能对手，通过计算机实现在战场上自主感知、自主判断、自主决策、自主行动的真正的“智能蓝军”，能够在与实装飞机对抗时，根据对当前空中态势判断和威胁评估分析，自主决策选择有利的战术行为，进行攻击、机动或逃逸等行动。

1）虚拟智能对手模型体系

虚拟智能对手的模型组成框图如图 2－11 所示，主要包括 4 类模型和数据库。其中实体模型包括飞机实体、机载雷达、机载武器和机载电子对抗设备模型；行为模型包括各种详细的战术行为模型；决策模型为决策有关的模型总和；交互模型包括环境的感知模块和成员交互模块；数据库包括虚拟智能对手所使用各类型数据库。

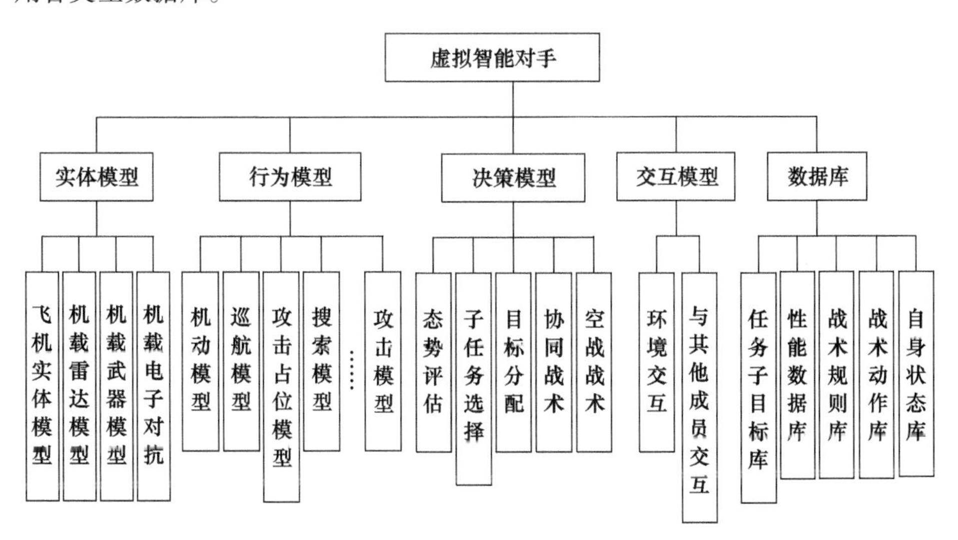

图 2－11　虚拟智能对手模型组成

2）虚拟智能对手的模型总体框架

虚拟智能对手的模型总体框架如图 2－12 所示。总体模型框架主要由感知模块、威胁冲突预测模块、认知模块和任务规划模块等8个主要模块组成,各模块顺序构成一个"观察(Observe) - 调整(Orient) - 决策(Decide) - 行动(Act)"的OODA作战周期。总体框架将OODA周期和BDI(Belief,Desire,Intention) Agent思想相结合,其中Belief是"信念",表示关于客观世界(自己、其他目标或周围环境)的状态信息,属于思维状态的认知方面;Desire是"愿望",表示一组希望去实现的目标或期望的状态,属于思维状态的感情方面;Intention是"意图",表示去追求目标和对事件的响应所应采取的行为规划,属于思维状态的深思方面。虚拟智能对手的模型总体框架结构各模块的主要功能如下。

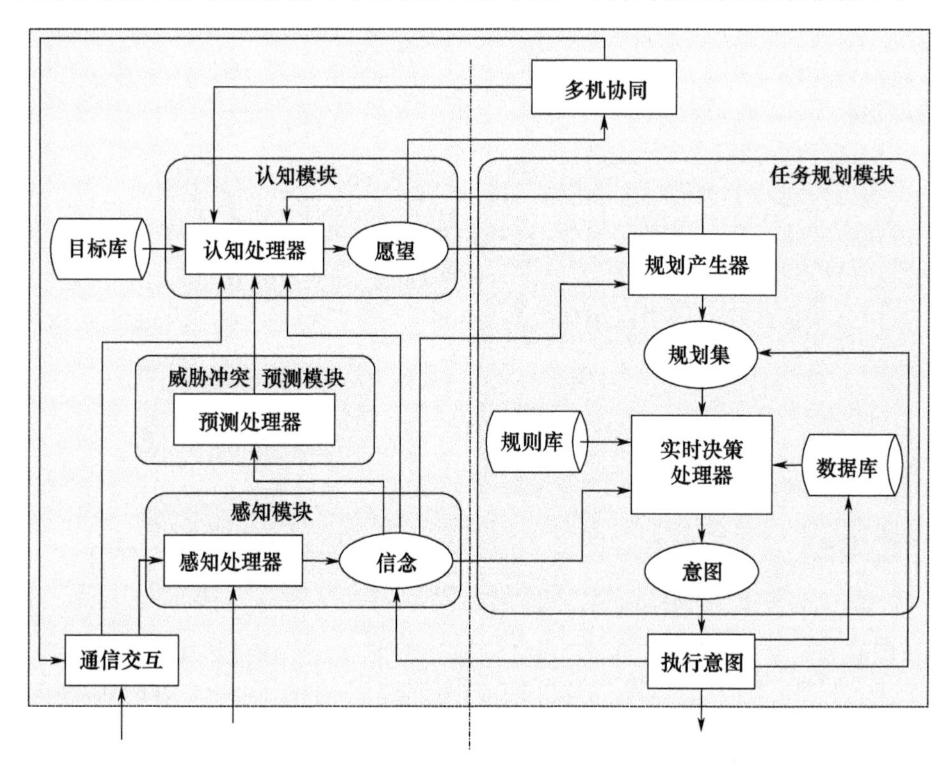

图2-12 虚拟智能对手的模型总体框架

(1)感知模块。感知模块的感知处理器的功能是接收各种传感器数据和通信交互模块传输的数据后,对数据信息进行处理,如信息识别、坐标和单位转换、数据过滤、数据挖掘等,并更新信念数据库;虚拟智能对手可通过两个活动更新它的信念库,即感知环境和执行意图。

(2)威胁冲突预测模块。威胁冲突预测模块的预测处理器的功能是根据当前状态信息完成威胁空间生成,威胁级别判断,任务、行为冲突判断,完成空中态势评估以及行动效果预判等,为认知处理器的决策提供依据。

(3) 认知模块。认知模块的认知处理器的功能是综合当前状态或未来可能发生的事件、多机协同请求(或命令)以及其他成员的通信等信息,明确目标库中的哪个阶段性任务目标成为即将要实现的子任务目标。

(4) 任务规划模块。任务规划模块的规划产生器是根据当前状态信息、当前任务目标,确定与任务目标相关的、可行的规划集(可以是预先定义的),并存入当前的规划集中。实时决策处理器的功能是综合状态信息、当前任务目标、数据库和战术规则知识库等信息,分析规划集中的各种规划方案,从规划集中选择一个合适的规划作为实现当前目标的意图,意图即为虚拟智能对手的具体战术行为。

(5) 多机协同。在多机协同作战的情况下,担任长机角色的虚拟智能对手成员通过综合各成员的请求信息,进行全局信息融合,得出对整个态势的全局认识,并向各虚拟智能僚机成员发送指令。

(6) 通信交互。主要是接收其他长(僚)机成员进行共享的空中态势数据信息,并传输给感知模块以更新信念库,以及接收外部(如指挥所)命令和情报信息,其中命令信息直接传输给认知处理器。

(7) 执行意图。主要是落实具体的战术动作。战术动作的落实主要由两类模型来实现,即实体模型和行为模型,其中行为模型大都需要实体动力学模型配合实现。

(8) 目标库。目标库中存储的是总的空战任务目标(如空中截击任务)经过分解后的任务子目标,如图 2－13 所示。对任务目标的合理分解是实现智能决策推理的前提,对任务目标分解的越具体,决策步骤就越明确。总目标的分解方法可采用“与”分解和“或”分解的方法。“与”分解主要是将总目标按照阶段、功能进行划分;“或”分解主要是某阶段会遇到不同可能的事件需要实现的目标。

为了便于认知模块的决策处理,对任务目标分解后的每个子目标,都带有全局约束条件和局部约束条件,只有当满足了这些约束条件后,该子目标才能够被执行。全局约束条件是阶段性任务的约束条件,是该阶段内所有子目标的共性约束;局部约束条件是针对每个子目标自身的约束条件。

3) 虚拟智能对手的决策模型

虚拟智能对手的决策模型是为了达成战术目的根据空中态势进行自主决策,从而选择较好或满意战术方案的核心模型,是反映人的高级思维活动的行动抉择过程,是对人的特性的模拟。虚拟智能对手的决策模型以各类传感器和数据链信息为输入,进行分层决策。决策的层次结构如图 2－14 所示。

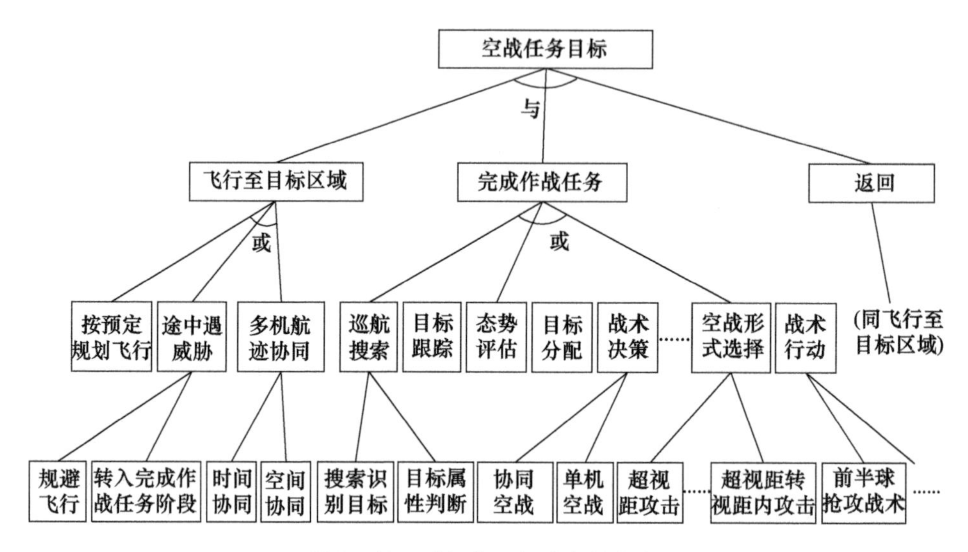

图 2－13　对任务目标的分解方法

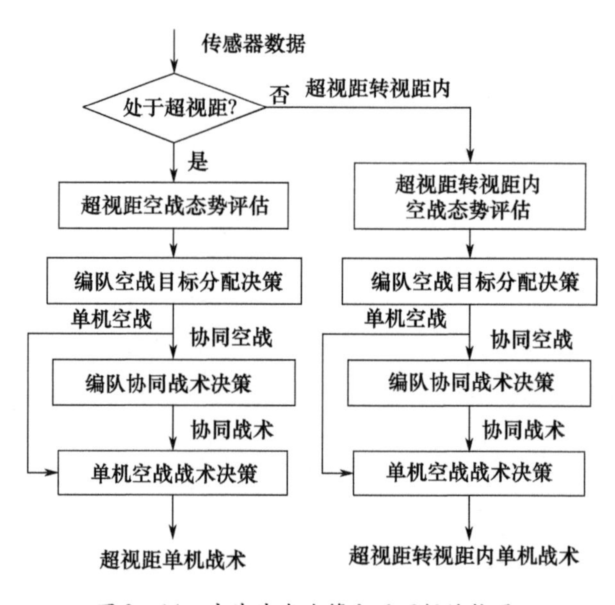

图 2－14　空战战术决策分层逻辑结构图

虚拟智能对手的决策模型常用的构建方法有基于有限状态机、规则推理、强化学习、遗传模糊树和深度学习等方法以及几种方法的综合运用。

(1) 基于有限状态机的决策模型。有限状态机(Finite State Machine, FSM),是表示有限个状态以及在这些状态之间的转移和动作等行为的数学模型。其作用主要是描述对象在生命周期内所经历的状态序列，在任何时候都处于有限数量的状态之一，可以通过响应来自外界的各种事件，因而，从一个状态转换到另一个状态，发生对象状态的变更。主要用于智能决策推理以及战术动作的自动执行，便于模拟飞行员或其他操作人员对机动动作控制、武器装备基本行为的控制。例如，战斗机的战术动作是由一系列基本动作组成的，常用的有筋斗、半筋斗转弯、半滚倒转、转弯（水平转弯、战斗转弯、下滑转弯）、追踪（纯追踪、超前追踪、滞后追踪）、高速遥遥、低速遥遥等。这些动作可以用有限个状态表示，任何时候都在做这些战术动作之一，每一个动作的变化都是一个状态的改变，而引发这些状态的改变的外部事件就是作战态势的变化，随着作战态势的不断变化，从而引发飞机做出一系列战术动作去应对。

由 DARPA 资助开发的半自动兵力仿真系统（Modular Semi - Automated Forces，ModSAF）就采用有限状态机实现行为决策。ModSAF 的一个实体或战斗单元行为由最基本部分——任务（Task）所组成。ModSAF 中定义了 5 种任务：实体任务、单元任务、反应任务、使能任务和裁决任务。任务由 FSM 实现，一个 FSM 包含一个状态集、一个转移函数集和一个输入输出集。FSM 的状态表示组成任务的一个动作，转移函数决定并引起状态间的转移。一个实体中同时运行的几个任务称为一个任务帧，而一个使命则由一个顺序连接的任务帧队列组成。

（2）基于规则推理的决策模型。基于规则的推理技术是人工智能领域的重要分支，是基于规则表示的知识系统，是战术决策最常采用的推理机制，主要使用规则库进行推理来生成问题解决方案。它的本质是从一个初始事实出发，根据规则寻求到达目标条件的求解过程。在该知识系统中，规则通常用于表示具有因果关系的知识，一般采用规则库来刻画推理过程。

空中对抗作战智能决策模型，是对战斗机制定战场行为规则，要充分考虑到实际战场中可能出现的各种情况，并按照最合理的方式给出解决方案。规则集本质上是实体决策的知识库，实体通过将不同的作战态势作为索引查找知识库中的相关内容，最终形成决策。知识库的丰富程度在很大程度上决定了系统的智能程度，而这正是规则集的优势所在。

战术决策采用基于规则推理具有以下优点。

① 可以将作战对抗的战场态势要素向量和作用因子等用模糊化的变量来表达。

② 自然语言表达。专家通常会使用这样的表达来解释解决问题的过程：“在什么 - 什么情况下，我如何 - 如何做”。这样的表达可以很自然地表达为 IF…THEN 产生式规则。

③ 统一结构。产生式规则具有统一的 IF…THEN 结构。每一条规则都是

一个独立的知识。产生式规则的语法使得规则具有自释性。

④ 知识与处理的相互分离。基于规则的推理系统的结构为知识库和推理引擎提供了有效的分离机制。因此，能够使用同一个推理系统框架开发不同的应用，系统本身也容易扩展。在不干扰控制结构的同时，通过添加一些规则，还能使系统更加聪明。

⑤ 在推理引擎的选择上拥有较高的自由度，并可以通过对推理模型和算法的选择而灵活地控制推理复杂度。

按照决策每个层次的各个决策环节，分别梳理空战的战术规则并建立详细的战术规则库。战术规则库的知识表示法采用基于规则的知识表示形式如下：

规则组::= ‘IF’ <前件集> ‘THEN’ <后件集>

前件集::= <前件>&<前件集>

后件集::= <后件>

前件::= <决策要素>

后件::= <指定战术>

其中，::= 表示“定义为”；& 表示“与”。

以超视距单机空战战术决策为例，决策模型以超视距威胁态势 TS、超视距威胁事件 TE、超视距攻击态势 AS 和单机任务状态 MS 为决策输入变量，输出为长机、僚机的战术动作，如图 2－15 所示。

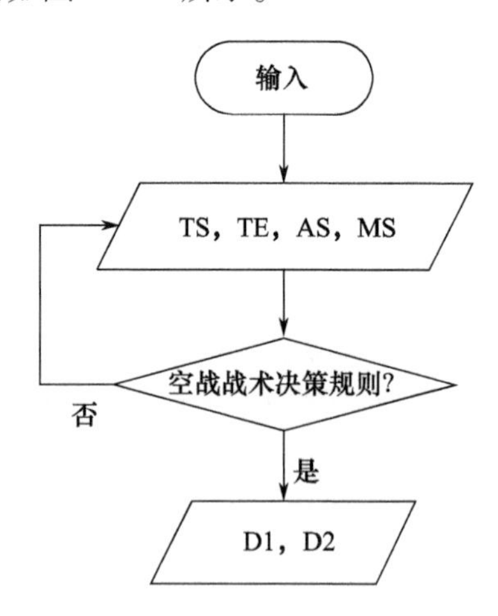

图 2－15 超视距单机空战战术决策

（3）基于强化学习的决策模型。强化学习又称为再励学习，是一种重要的机器学习方法，是智能系统从环境中得到对行为的反馈而进行的学习。强化学习，是在环境给予的奖励或惩罚的刺激下，逐步形成对刺激的预期，产生能获得最大利益的习惯性行为。强化学习是一种采用“试错”的方法与环境交互的学习方法,可以通过马尔可夫决策过程对强化学习过程进行表征,通过计算当前状态下执行动作后的累计回报期望值的大小判断动作选择的合理性。它是在环境给予的奖励或惩罚的刺激下,逐步形成对刺激的预期,产生能获得最大利益的习惯性行为。因此,通过强化学习产生的状态 - 动作映射考虑了动作的远期影响,而且决策实体与环境交互的学习过程不需要训练样本,仅需环境的回报值对执行的动作进行评价。

因此,基于强化学习建立虚拟智能对手空战机动决策模型,通过自行交互训练就能产生一系列考虑远期效果决策序列,是一种可行的人工智能空中作战自主决策建模方法。可以采用强化学习对模糊决策和基于规则集的智能决策结果进行逐步改进。

在一个空中作战场景下对虚拟智能对手状态和红方战机运动策略赋予初值,并根据先验知识在行动空间中设定一些基本动作,由基本动作作为初始基向量表征行动空间,开始强化学习训练后,虚拟智能对手根据当前策略在行动空间中选择动作并执行,如在战术动作之前,虚拟智能对手的态势是 S,目标根据运动策略仿真模型输出下一时刻的状态,形成新的空战态势,即经过执行某个战术动作后,虚拟智能对手的态势变为了 S′,空战优势函数模型根据虚拟智能对手和红方战机的新型态势对于上一次选择执行的战术动作输出一个回报值,对该动作的优劣进行评价,通过回报值的设置,态势由坏变好则给予奖励,态势由好变坏则给予惩罚,通过奖励和惩罚来逐步修改以往决策结果的权值,反映出战术决策的目标,这样潜移默化地对决策结果产生影响,最终引导虚拟智能对手不断调整状态进入作战优势。虚拟智能对手强化学习战术决策模型示意图如图 2 - 16 所示。

(4) 基于遗传模糊树的决策模型。遗传模糊树是将遗传算法和模糊推理相结合求解决策问题的方法。最早由美国 Ernest 博士提出。2015 年,美国 Ernest 博士研究生(其本科、硕士、博士都是在辛辛那提大学读航空工程专业,而且在美国空军工作了 8 年)将遗传算法和模糊理论相结合,在其毕业课题(由 Dayton Area Graduate Studies Institute 资助)中提出了遗传模糊系统,目的是在低颗粒度仿真环境中去控制对地打击无人机的飞行,取得了非常好的效果。而后,Ernest 创立的 Psibernetix 公司(美国辛辛那提大学旗下)和美国空军实验室开展了合作,应用遗传模糊树(Genetic Fuzzy Tree,GFT)进行了大量研究。2015 年,Psibernetix 公司联合美国空军研究实验室开发了 ALPHA 智能空战系统。是遗传模糊系统在应用领域的重大突破。2016 年 6 月,ALPHA 智能空战系统打败了作战经验丰富、训练水平高超、美国空军上校 Gene Lee 操纵的战斗机模拟

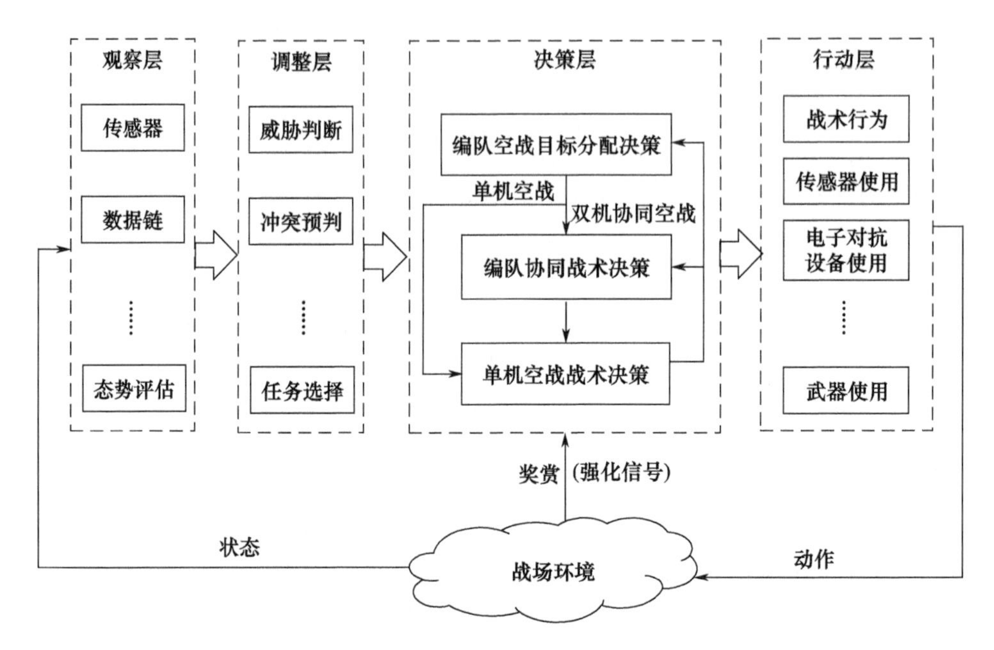

图 2-16　虚拟智能对手战术决策分层结构图

器。Gene Lee 上校给予极高评价，称为“他曾见过并对抗过的最具有攻击性、反应神速、有活力并且可靠的人工智能”，如图 2-17 所示。

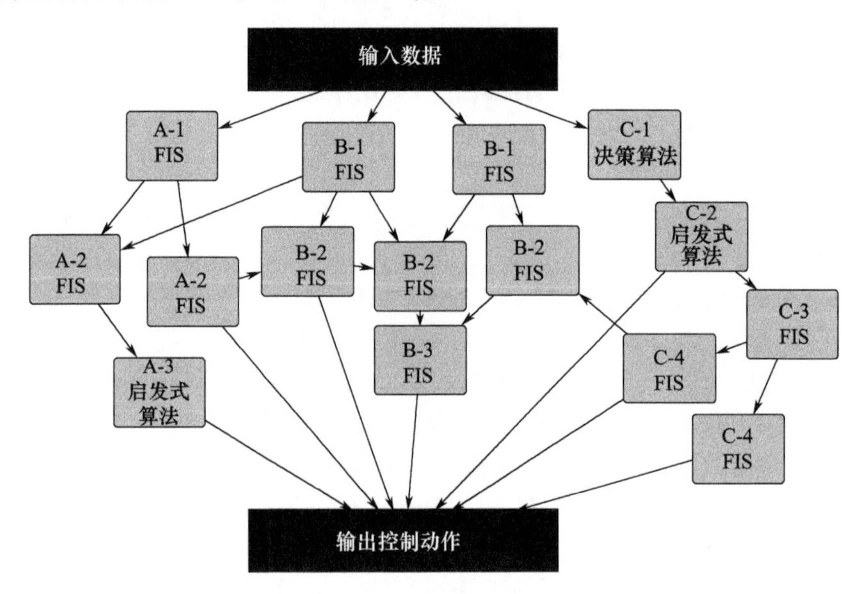

图 2-17　空战对抗过程的模糊决策树模型

ALPHA 智能空战系统的核心算法是 GFT,是基于模糊规则建立智能决策系统,并通过遗传算法对模糊规则参数进行优化。针对空战决策建立了描述空战决策的“模糊规则”。但是,整个系统的参数很多,构成了庞大的输入空间和解空间。对整个系统同时优化变得复杂而困难,大大增加计算需求。GFT 算法针对整个空战对抗过程,建立了一系列层次连接可变化的模糊推理系统(Fuzzy Inference System,FIS),大多数的复杂决定都由一组 FIS 做出。模糊逻辑擅长解决趋势预测问题,但输入量一多,就变得过于复杂,通过建立模糊决策树可以简化变量,减少决策树分支数量。ALPHA 将整个空战决策系统划分成多个子决策系统,有高层策略、开火、规避、态势评估和防御等子决策模型,极大地减小了解空间的大小。其中,遗传算法主要模拟自然选择的过程,通过变异和淘汰不断优化。以模糊树模型作为个体,采用矩阵编码方式,利用遗传算法在整个模型空间搜索最优模糊树,通过不断寻优,有效地进化模糊树的结构参数,得到一个精度较高而复杂度较低的满意解模型,如图 2-18 所示。

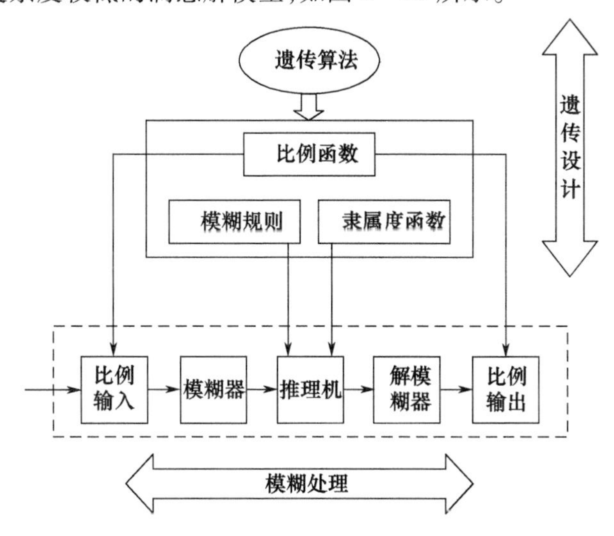

图 2-18　ALPHA 空战系统的决策算法示意图

ALPHA 的算法不是使用精确的参数,而是基于语言或“模糊逻辑”,首先要将输入、输出模糊化,然后通过 IF…THEN 规则做出决定的,如“If missile launch computer confidence is moderate and missile kill shot accuracy is very high,Then fire missile.”

经过大量数据的训练和系统的自学习,ALPHA 更善于决策。能够随着对手的变化,ALPHA 会相应调整策略,有时强调进攻,有时强调防守。ALPHA 也能够根据任务表现来调整它的行为,如果敌人躲掉了导弹攻击,ALPHA 将调整导弹的攻击距离。如果初始估计敌人的导弹能力不准确,防御因子将调整使得ALPHA更准确地去应对敌人。

(5)基于深度学习的决策模型。2006年,深度学习已成为机器学习研究中的一个新兴领域,是人工智能领域的新突破。深度学习的概念源于人工神经网络的研究,其动机在于建立、模拟人脑进行分析学习的神经网络,它模拟人脑的机制解释数据,是利用深度神经网络解决特征表达的一种学习过程。深度神经网络本身并不是一个全新的概念,可大致理解为包含多个隐含层的神经网络结构。深度学习通过组合低层特征形成更加抽象的高层表示属性类别或特征,以发现数据的分布式特征表示。

在大数据的支撑下,深度学习显示出非常优异的性能和优点。

① 效果优越。经过深度学习训练的模型在各类人工智能领域(计算机视觉、语音识别、自然语言处理等)的效果比原先的人工智能算法提升明显。典型例子就是ImageNet 2012年的竞赛,基于深度学习的方法不仅获得了第一名的成绩,而且成绩比第二名高了近11%,更是将错误率下降了接近1/2。

② 使用方便。传统的人工智能算法对模型的特征依赖较大,而这些特征往往需要由专业的人员不断的调试才能获得较好的结果。深度学习是一种特征学习方法,不需要人工编写特征,它可以自动的从原始数据(图像、音频、文本)中学习特征,而这些特征接下来又可以输入分类器中去进行预测。因此,使用深度学习方法,可以明显地降低人工智能在这些领域中应用的门槛。

神经网络模型用于模拟人脑大量神经元活动的过程,其中包括对信息的接收、处理、存储和输出等过程。它具有如下基本特点。

① 神经网络具有分布式存储信息的特点。它存储信息的方式与传统的计算机的思维方式是不同的,一个信息不是存在一个地方,而是分布在不同的位置。网络的某一部分也不只存储一个信息,它的信息是分布式存储的。这种分布式存储方式即使当局部网络受损时,仍具有能够恢复原来信息的优点。

② 神经网络对信息的处理及推理的过程具有并行的特点。每个神经元都可根据接收到的信息作独立的运算和处理,然后将结果传输出去,这体现了一种并行处理。神经网络对于一个特定的输入模式,通过前向计算产生一个输出模式,各个输出节点代表的逻辑概念被同时计算出来。在输出模式中,通过输出节点的比较和本身信号的强弱而得到特定的解,同时排出其余的解。这体现了神经网络并行推理的特点。

③ 神经网络对信息的处理具有自组织、自学习的特点。神经网络中各神经

元之间的连接强度用权值大小来表示,这种权值可以事先定出,也可以为适应周围环境而不断地变化,这种过程称为神经元的学习过程。神经网络所具有的自学习过程模拟了人的形象思维方法,这是与传统符号逻辑完全不同的一种非逻辑非语言的方法。

④ 神经网络具有非常强的非线性映射能力,因而,它能以任意精度逼近任意复杂的连续函数。

空中作战对抗过程中,虚拟智能对手的智能决策由多个阶段的决策形成一个长序列决策。针对 OODA 周期 4 个阶段的所有决策问题或决策分支(如态势判断、威胁评估、任务选择、目标分配、编队战术、单机战术等)各自的特点,分别建立深度神经网络,基于空战数据样本集数据,对数据进行预先处理,划分决策知识点,并运用深度学习方法进行训练,如图 2-19 所示。通过组合低层特征形成更加抽象的高层表示属性特征,发现各决策问题的典型特征。

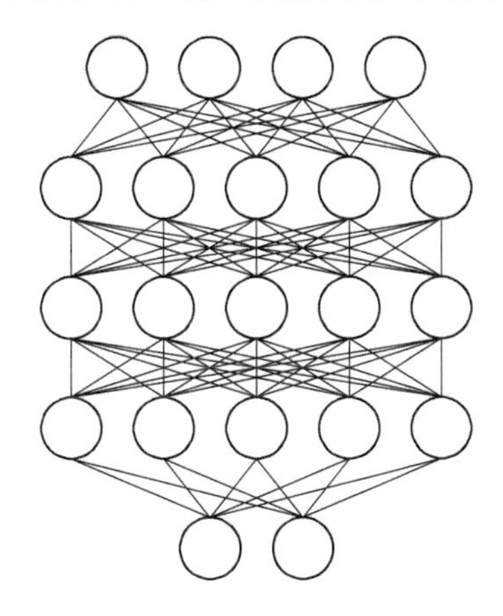

图 2-19　决策分支的深度学习决策模型

也可以针对整个作战过程,建立深度神经网络模型,基于空战数据样本运用深度学习方法进行训练。这样可以省去对各个阶段的中间数据分别打标签的处理,减小了对数据处理的要求,但同时又增加了神经网络模型的复杂度和对训练数据量的要求。两种方式各有利弊,可根据具体情况合埋选择。

深度学习需要大量的样本数据进行训练,而往往实际情况下,很难能够找到满足数量要求的训练样本。如果训练样本不足会导致过度拟合,最终会造成模型准确性不够的问题。为解决训练样本问题,可采用类似 AlphaGo 的自我对弈(对抗)的强化学习方法,通过模型之间不断的循环对抗,达到理想的智能水平。训练过程如图 2-20 所示。

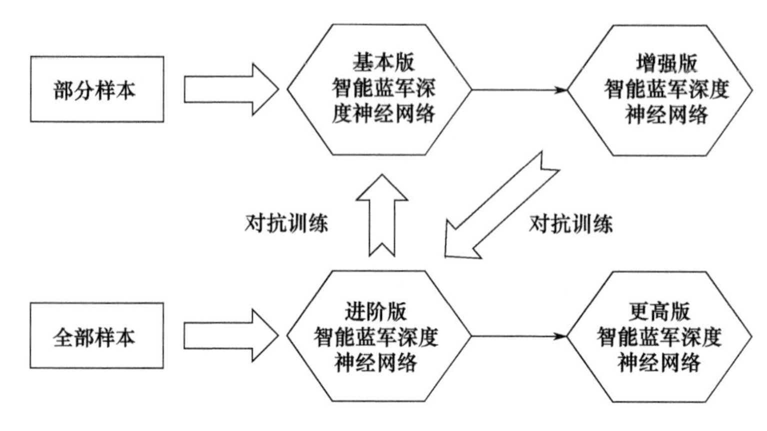

图 2-20　自我对抗的深度学习过程

4）虚拟智能对手的实体模型

实体模型主要包括飞机实体模型、机载雷达实体模型、空空导弹武器和电子对抗模型实体模型，飞机实体采用六自由度全量气动参数模型，主要包括空气动力学、质量、发动机、大气、飞行控制系统、大气环境和风等模型；机载雷达模型包括机载多普勒雷达和相控阵雷达两种模型，主要包括交会几何关系、目标 RCS 模型、杂波与噪声模型、信噪比和检测模型；机载空空武器主要是中、远程空空导弹，机载空空武器模型主要包括空气动力学模型、控制量解算模型和毁伤目标模型；电子对抗模型主要包括雷达告警和有/无源干扰模型。

（1）飞机的运动学/动力学模型。作战飞机采用六自由度全量气动参数模型，整个飞行系统涉及的功能模块及彼此之间的数据交互关系如图 2-21 所示。

（2）飞机动力学方程。飞机气动力和气动力矩的导数和系数通过一维、二维或三维插值函数计算，从而可实时计算出气动力和气动力矩。力和力矩输入动力学/运动学模型后，得到飞机的加速度以及角加速度，进而获得角速度、线速度、姿态、位置等多个状态数据。运动学/动力学的数学公式如下。

① 质心运动方程（地面坐标系）为

$$\begin{cases} \dot{x}_g = V\cos\gamma\cos\chi \\ \dot{y}_g = V\cos\gamma\sin\chi \\ \dot{z}_g = -V\sin\gamma = -\dot{h} \end{cases} \tag{2-1}$$

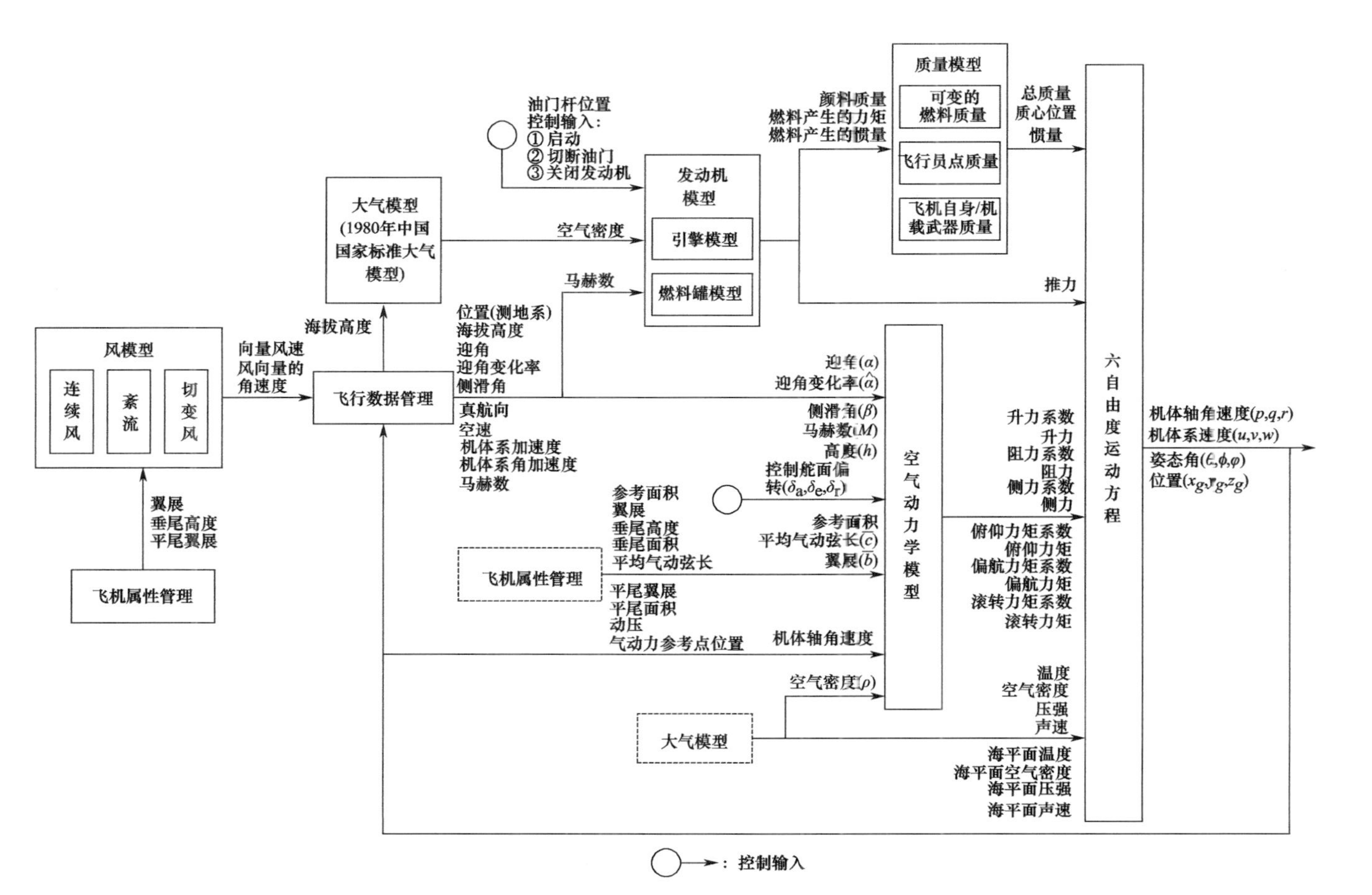

图 2-21　飞机的实体模型结构框图

② 质心动力学方程(气流坐标系)为

$$
\left\{
\begin{aligned}
\dot{V} &= \frac{(-\boldsymbol{F}_D - mg\sin\gamma) + (\boldsymbol{F}_{T_x}\cos\beta\cos\alpha + \boldsymbol{F}_{T_z}\cos\beta\sin\alpha)}{M} \\
\dot{\gamma} &= \frac{(\boldsymbol{F}_L\cos\mu - mg\cos\gamma) - \boldsymbol{F}_Y\sin\mu}{m\boldsymbol{V}} + \\
&\quad \frac{\boldsymbol{F}_{T_x}(\sin\mu\sin\beta\cos\alpha + \cos\mu\sin\alpha)}{m\boldsymbol{V}} + \\
&\quad \frac{\boldsymbol{F}_{T_z}(\sin\mu\sin\beta\sin\alpha - \cos\mu\cos\alpha)}{m\boldsymbol{V}} \\
\dot{\chi} &= \frac{\boldsymbol{F}_L\sin\mu + \boldsymbol{F}_Y\cos\mu}{m\boldsymbol{V}\cos\gamma} + \\
&\quad \frac{\boldsymbol{F}_{T_x}(\sin\mu\sin\alpha - \cos\mu\sin\beta\cos\alpha)}{m\boldsymbol{V}\cos\gamma} - \\
&\quad \frac{\boldsymbol{F}_{T_z}(\cos\mu\sin\beta\sin\alpha + \sin\mu\cos\alpha)}{m\boldsymbol{V}\cos\gamma} \\
\dot{\alpha} &= \boldsymbol{q} - \tan\beta(\boldsymbol{p}\cos\alpha + \boldsymbol{r}\sin\alpha) + \\
&\quad \frac{(-\boldsymbol{F}_L + mg\cos\gamma\cos\mu)}{m\boldsymbol{V}\cos\beta} + \\
&\quad \frac{(-\boldsymbol{F}_{T_x}\sin\alpha + \boldsymbol{F}_{T_z}\cos\alpha)}{m\boldsymbol{V}\cos\beta} \\
\dot{\beta} &= (-\boldsymbol{r}\cos\alpha + \boldsymbol{p}\sin\alpha) + \\
&\quad \frac{(\boldsymbol{F}_Y\cos\beta + mg\cos\gamma\sin\mu)}{m\boldsymbol{V}} - \\
&\quad \frac{\boldsymbol{F}_{T_x}\sin\beta\cos\alpha + \boldsymbol{F}_{T_z}\sin\beta\sin\alpha)}{m\boldsymbol{V}} \\
\dot{\mu} &= \sec\beta(\boldsymbol{p}\cos\alpha + \boldsymbol{r}\sin\alpha) + \\
&\quad \frac{\boldsymbol{F}_L(\tan\beta + \tan\gamma\sin\mu) + \boldsymbol{F}_Y\tan\gamma\cos\mu - mg\cos\gamma\cos\mu \cdot \tan\beta}{m\boldsymbol{V}} + \\
&\quad \frac{(\boldsymbol{F}_{T_x}\sin\alpha - \boldsymbol{F}_{T_z}\cos\alpha)(\tan\gamma\sin\mu + \tan\beta)}{m\boldsymbol{V}} - \\
&\quad \frac{(\boldsymbol{F}_{T_x}\cos\alpha + \boldsymbol{F}_{T_z}\sin\alpha)\tan\gamma\cos\mu\sin\beta}{m\boldsymbol{V}}
\end{aligned}
\right.
\tag{2-2}
$$

③ 角运动方程为

$$\begin{cases}\dot{\boldsymbol{p}} = (c_1 \cdot \boldsymbol{r} + c_2 \cdot \boldsymbol{p}) \cdot \boldsymbol{q} + c_3 \cdot \boldsymbol{L} + c_4 \cdot \boldsymbol{N} \\ \dot{\boldsymbol{q}} = c_5 \cdot \boldsymbol{p} \cdot \boldsymbol{r} - c_6(\boldsymbol{p}^2 - \boldsymbol{r}^2) + c_7 \cdot \boldsymbol{M} \\ \dot{\boldsymbol{r}} = (c_8 \cdot \boldsymbol{p} - c_2 \cdot \boldsymbol{r})\boldsymbol{q} + c_4 \cdot \boldsymbol{L} + c_9 \cdot \boldsymbol{N}\end{cases} \tag{2-3}$$

表2-3列出了式(2-1)~式(2-3)中各个符号的含义。

表2-3　变量含义说明

变量名称	含义	单位
x_g、y_g、z_g	飞机质心在地面坐标系中的位置	m
α、β	迎角和侧滑角	rad
$\boldsymbol{p}$、$\boldsymbol{q}$、$\boldsymbol{r}$	机体坐标系下三轴的角速度	rad/s
γ、χ、μ	航迹倾斜角、航迹方位角、航迹滚转角	rad
$\boldsymbol{V}$	空速	m/s
$\boldsymbol{F}_L$、$\boldsymbol{F}_Y$、$\boldsymbol{F}_D$	气动升力、侧力、阻力	N
$\boldsymbol{L}$、$\boldsymbol{M}$、$\boldsymbol{N}$	滚转、俯仰、偏航力矩	N·m
$\boldsymbol{F}_{T_x}$、$\boldsymbol{F}_{T_z}$	发动机推力在机体轴 x、z 上的分力	N

(3) 飞机质量模型。质量模型对整个飞机的质量、惯量和重心位置等数据进行实时计算。

飞机有可变质量,包括燃料、机载武器等;还有不变质量,如飞机结构质量以及在飞行过程中被等效为质点的飞行员质量。燃料质量数据通过发动机的燃料容器模型进行更新,而机载武器引起的质量变化则与其是否发射直接相关。质量模型的输入/输出参数如图2-21所示。

(4) 飞机发动机模型。发动机模型是对涡轮风扇发动机的功能仿真,主要由两个部分组成。

① 引擎模型。根据飞行环境的温度、空气密度以及发动机的工作状态,通过以已有的推力数据表,对发动机的推力、转速等参数进行实时的插值获取,并计算由发动机安装倾斜角引起的力矩、燃料标志等状态。

② 燃料容器模型。燃料容器模型则以油门杆的位置为输入,对燃料流量的控制、质量变化等进行仿真。

(5) 飞机大气环境和风模型。大气环境的变化对飞机的操纵性和稳定性产生很大影响。

大气环境模型采用国家大气标准模型,根据飞行高度计算空气的温度、密度、压强、声速等值。

风对飞机的影响可分为两个阶段：第一阶段是对飞机速度、迎角、侧滑角的影响；第二阶段是风速梯度对飞机造成的影响，计算时需要考虑与风速梯度有关的起动导数。

对于机载雷达、空空导弹武器和电子对抗等实体模型的构建方法，同2.3.2节。

5）虚拟智能对手的行为模型

战术行为模型是空战决策系统最基本的构成要素，但战术行为的实现是由一系列战术动作组合而成的，因此，战术行为模型的构建首先需建立战术动作模型库。通过几种战术动作顺序组合并配合机载设备（机载火控雷达设备、电子干扰设备、雷达告警装置和空空武器）的实体模型，完成战术行为模型的构建，建立战术行为模型库。

战术动作模型的构建需要飞机机体模型配合才能完成，首先通过战术动作描述模块将机动命令翻译为姿态控制指令序列，输出各个姿态控制指令，根据飞机机体模型做出各种战术动作，如图2－22所示。

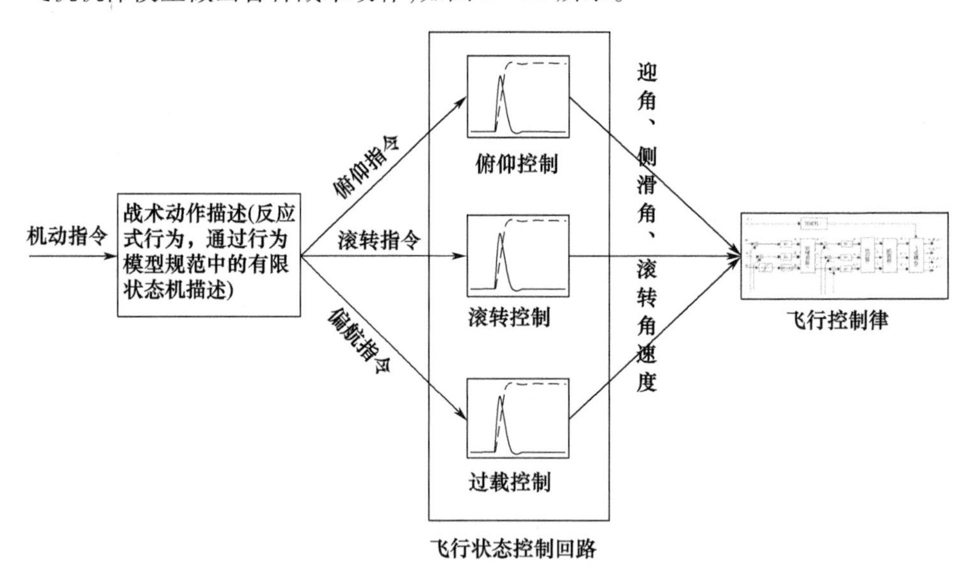

图2－22　战术动作实现层次图

第一部分是基本空战机动（Basic Fighter Maneuver，BFM）接口，负责将机动命令翻译为姿态控制指令序列。

第二部分是姿态控制回路，包括俯仰、滚转控制回路以及过载控制回路。航向的控制可通过滚转和俯仰通道协作实现。

第三部分是飞行控制律的实现，是姿态控制的内回路。

BFM 适于采用物料清单中的有限状态机元素进行描述。以“半斤斗”机动为例,采用有限状态机描述的执行逻辑如图 2－23 所示。

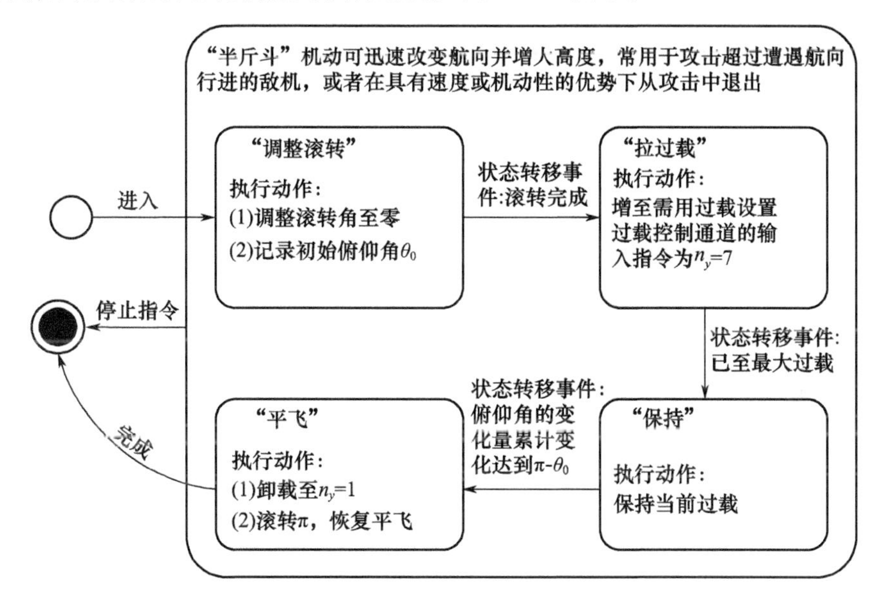

图 2－23　“半斤斗”机动的状态机描述

各个状态将控制参数被传递给飞机的控制回路和实体模型,并在每个仿真周期中判断状态转移事件是否被触发;若触发,则转而执行下一个状态中的动作。飞机的运动轨迹如图 2－24 所示。

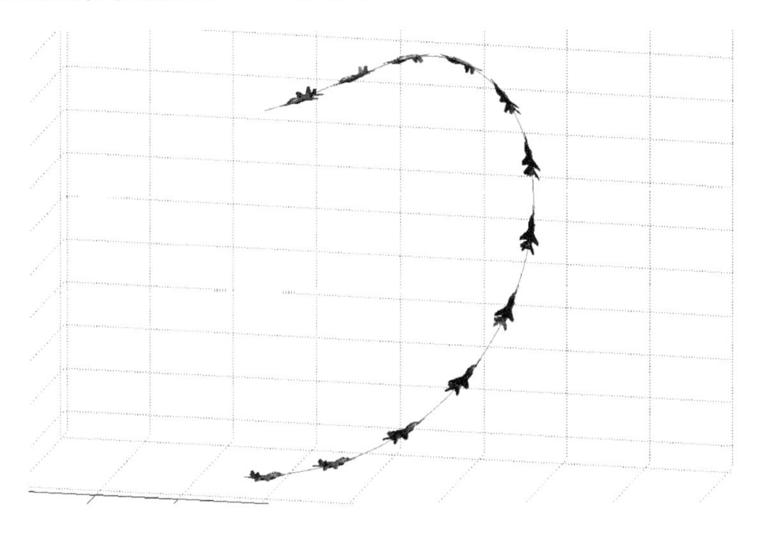

图 2－24　“半斤斗”机动的飞机运动轨迹描述

3. 机载雷达(及光雷)仿真模型

机载雷达作为飞机信息作战的重要的载体,是完成作战任务所必需的重要机载设备。机载雷达(包括火控、光电等)仿真作为机载嵌入式战术训练仿真系统的重要组成部分,是贯穿整个战术对抗过程且影响因素最多、最为复杂的仿真模块,也是影响嵌入式战术训练有效性的关键因素。能精确模拟机载雷达在不同气象、大气、地形、电磁环境条件下,针对各种目标对手、空中态势、战术特点的影响,是实现复杂电磁环境下虚拟训练的基础和前提,如何精确仿真机载雷达在复杂环境下的技战术特性,满足嵌入式训练需要,首先要解决的重要问题之一。

火控雷达仿真模块的主要功能为构造雷达仿真算法,模拟雷达探测和截获目标功能,依据载机位置,目标输入参数,判断能否截获目标,并输出相应的目标数据。火控雷达仿真模块包括各种雷达模式下的探测、跟踪等的仿真以及传感器的选择和传感器的控制等的仿真,如图 2-25 所示。

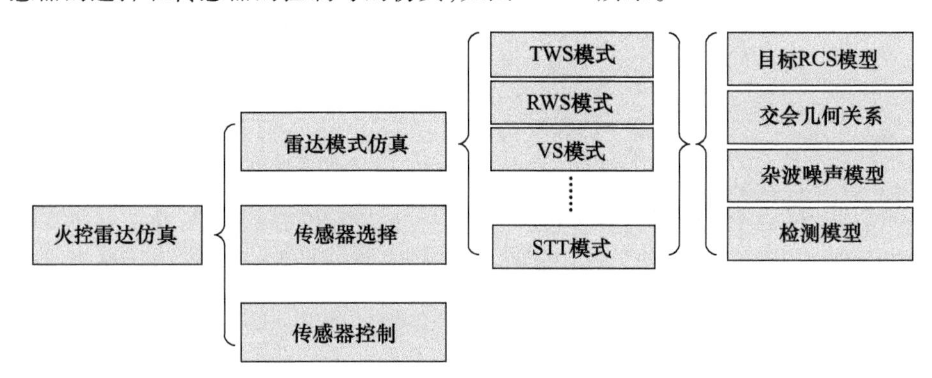

图 2-25　火控雷达仿真模块

火控雷达模式与战斗机的装备型号息息相关,对于雷达探测模型主要取决于火控雷达的设计实现原理。

多普勒雷达是常见的机载探测设备,利用对相对速度的敏感性探测移动目标。多普勒雷达有两种主要的工作状态,即目标探测状态和攻击状态。处于目标探测状态时,雷达选取大区域进行扫描,扫描频率低,探测范围远,主要用于发现并截获目标。截获目标后,雷达进入目标攻击状态。此时,雷达只对目标附近的小区域进行扫描,扫描速率高,保持对目标的稳定跟踪。

1）探测目标是否在雷达扫描范围

如图 2-26 所示,连接目标点 P 与雷达探测锥形原点 O,由质点 P 向雷达探测区域圆锥形内作垂直投影,如投影坐标点为 Q。

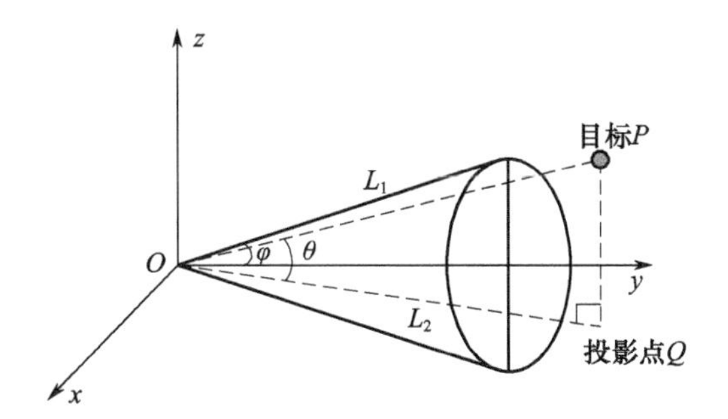

图 2－26　雷达探测模型解算图

已知目标点 P 的空间坐标(x_2, y_2, z_2)，探测锥形原点 $O(x_1, y_1, z_1)$，投影点 Q 的坐标(x_3, y_3, z_3)，通过空间两点间距离公式，计算出 OP 两点距离 L_1 和 OQ 两点的距离 L_2，即

$$\begin{cases} L_1 = \sqrt{(x_2 - x_1)^2 + (y_2 - y_1)^2 + (z_2 - z_1)^2} \\ L_2 = \sqrt{(x_3 - x_1)^2 + (y_3 - y_1)^2 + (z_3 - z_1)^2} \end{cases}$$

比较雷达最大探测距离 R 与 L_1 大小关系，$L_1 > R$，质点不在探测范围之内。

如果 $L_1 \leqslant R$，由目标点与雷达探测原点夹角 θ 计算公式，$\cos(\theta) = L_2/L_1$，计算出 θ。

比较雷达最大探测角 φ 与 θ 大小，如果$|\theta| \leqslant |\varphi|$，质点 P 在探测范围内，如果$|\theta| > |\varphi|$，目标在探测区域外。

2）目标探测模型

探测目标时，雷达能否检测到目标回波主要取决于目标信噪比的大小。在已知虚警概率的情况下，通过信噪比可对雷达的检测概率进行估算。

雷达探测的工作流程如图 2－27 所示。

4. 机载武器仿真模型

机载武器是空中作战决定胜负的重要因素之一，是从飞机上投射的用于攻击战术目标的武器装备。根据作战用途和技术特点，机载武器一般可划分为航炮、航空火箭、空空导弹、地空面导弹、航空炸弹以及制导炸弹。但对于嵌入式训练而言，主要是实现超视距和超视距转视距内的对空或对地作战。因此，主要是对超视距导弹武器进行仿真。

机载导弹武器仿真模块包括武器外挂的状态、武器控制、发射、弹道和毁伤等的仿真模拟，如图 2－28 所示。

导弹武器的挂载与战斗机的装备型号息息相关，对于导弹武器发射后的弹

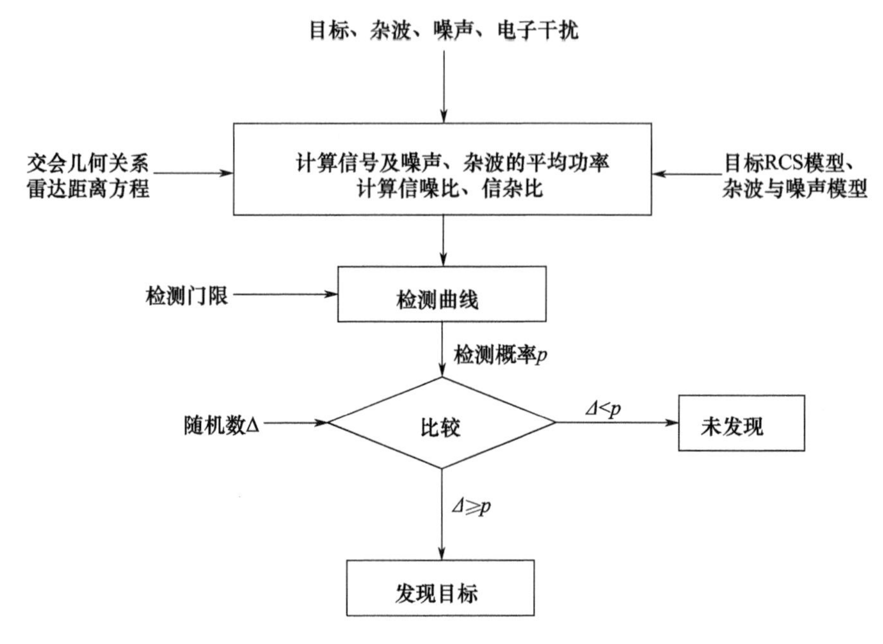

图 2-27　多普勒雷达的探测功能仿真流程

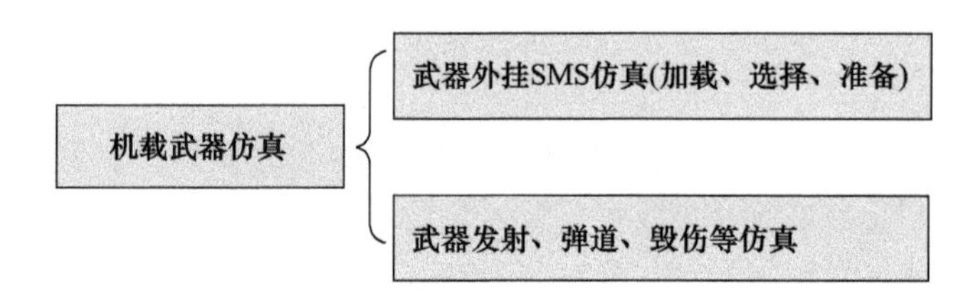

图 2-28　机载武器仿真模块

道或毁伤模型主要取决于导弹武器的设计实现原理。导弹的弹道数学模型主要包含控制量解算模型和动力学解算模型以及部分其他相关计算模型。其中控制量解算模型根据目标和导弹的相对位置决定施加在导弹上的控制作用,将导弹的滚转角速度,导弹的加速度和导弹法向过载作为控制量传递给动力学解算模型,该模型将 3 个控制量作为输入解算导弹的空气动力学方程,更新导弹的姿态、位置、速度等运动信息,是导弹数学模型的主体部分。两个分模型的关系如图 2-29 所示。

其他相关计算模型主要包括导弹与飞机的交互模型以及导弹的导引模型、毁伤概率模型等。

控制量解算模型的输入输出框图如图 2-30 所示。

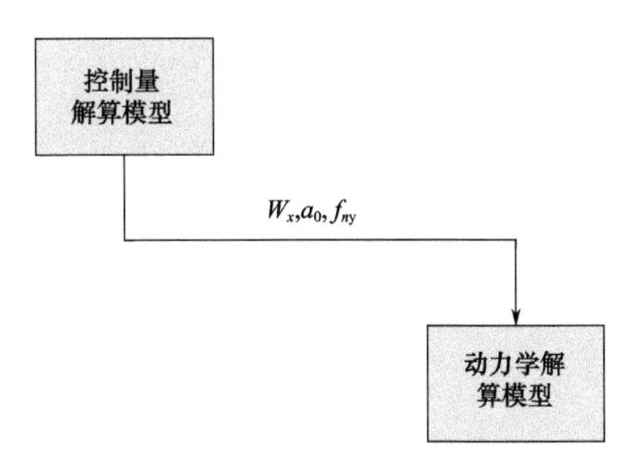

图 2－29　导弹数学模型结构

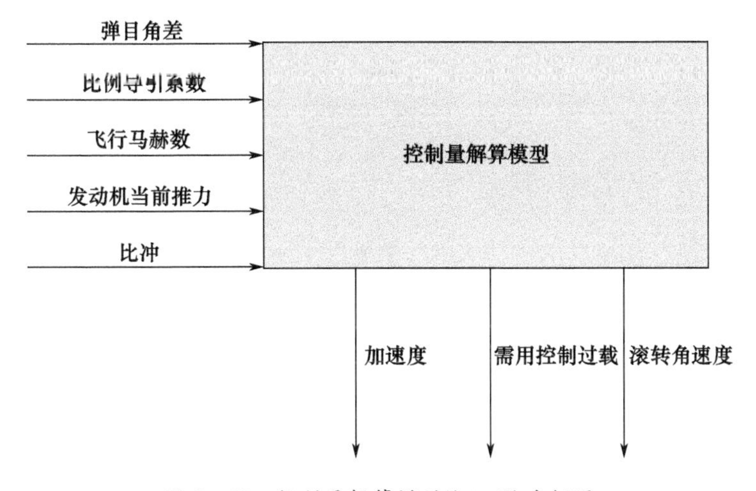

图 2－30　控制量解算模型输入/输出框图

控制量解算模型以导弹和目标之间的角度差、比例导引系数、当前飞行马赫数、当前发动机推力以及发动机比冲作为输入，经过模型解算得到加速度，需用控制过载以及滚转角速度三个控制量，对导弹的飞行进行控制。

假设飞行过程中滚转角速度为零。导弹运动的计算流程如图 2－31 所示。

动力学解算模型的输入输出框图如图 2－32 所示。

空气动力学解算模型以控制量解算模型解算出的需用控制过载，加速度和滚转角速度作为输入，输出经动力学方程解算后的更新的导弹位置、速度信息。

在该模型的解算过程中，不考虑迎角和侧滑角的影响，即在这种情况下，速度坐标系和弹体坐标系重合，如图 2－33 所示。

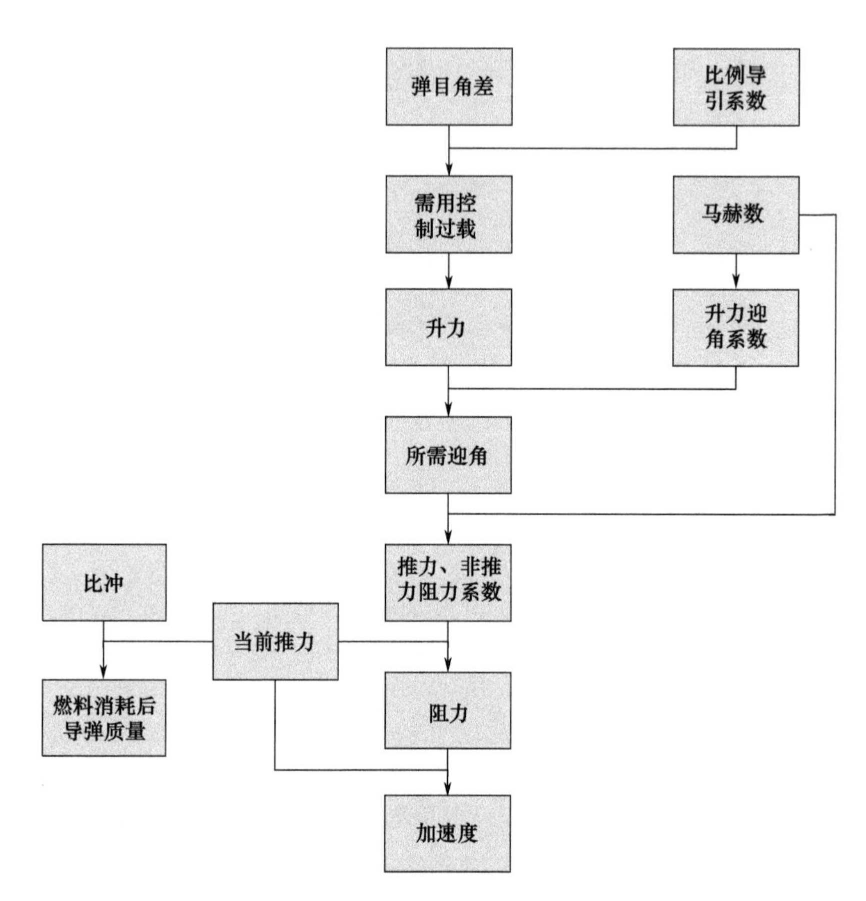

图 2－31　控制量解算模型计算流程

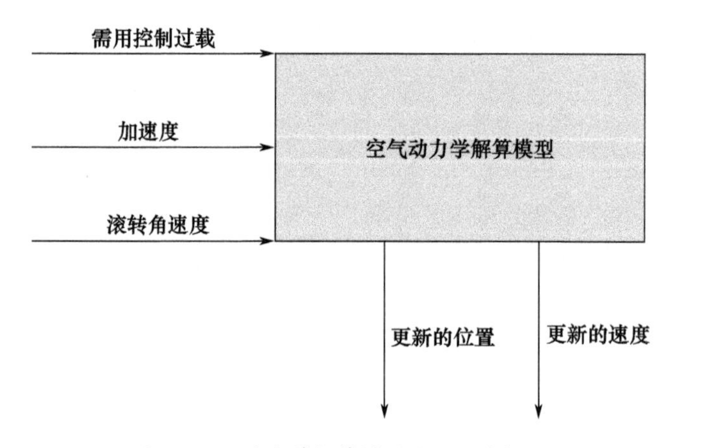

图 2－32　动力学解算模型输入输出框图

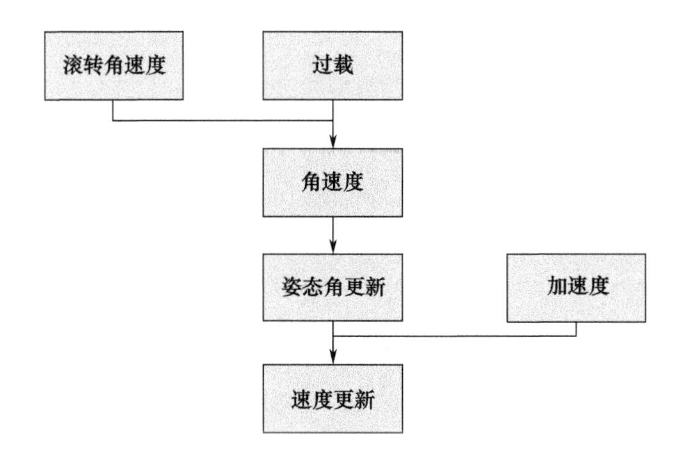

图2-33 动力学解算模型计算流程

5. 机载电子对抗仿真模型

随着电子和信息技术在军事领域应用不断拓展,战场环境和武器装备日益信息化,信息活动已经成为战场活动的核心。未来的空中作战,能否发挥好各种信息系统和信息化武器设备的能力是至关重要的,信息活动的好坏直接影响着战斗力的正常发挥。因此,在信息化条件下进行空中作战,夺取和保持制电磁权,可以在较短的时间内对作战的进程和结局产生极大的影响,可使敌方的各种信息侦察设备瘫痪、信息传输中断、信息处理和决策能力降低、信息化武器装备失效,整体作战能力被极大地抑制,甚至可以在较短的时间内扭转战局;己方的上述各种设备则能充分发挥作用,整体作战能力得以充分发挥,从而能顺利达成作战目的。

在接近未来真实的复杂战场环境下进行训练,是提高打赢未来信息化条件下局部战争能力的前提。无论是构建用于作战研究、装备论证的仿真系统,还是构建用于部队训练的仿真系统,开发和设计复杂电磁环境仿真模型都是系统构建的核心和难点问题,直接关系到仿真系统的有效性。机载嵌入式仿真系统需要对威胁源的综合告警,以及对威胁源的综合干扰进行有效仿真,真实反映干扰或被干扰对敌我双方机载设备的电磁特性的影响,在接近真实的复杂电磁环境下,以训练飞行员电子对抗操作和应对能力。因此,准确、合理地构建符合实际的机载电子对抗仿真模型是机载嵌入式训练系统要重点解决的问题。

同机载雷达仿真模型配合的电子对抗仿真模型,主要完成以下功能的仿真。电子对抗仿真模块包括敌导弹、敌跟踪、敌搜索等告警仿真以及对有源和无源干扰的仿真模拟,如图2-34所示。

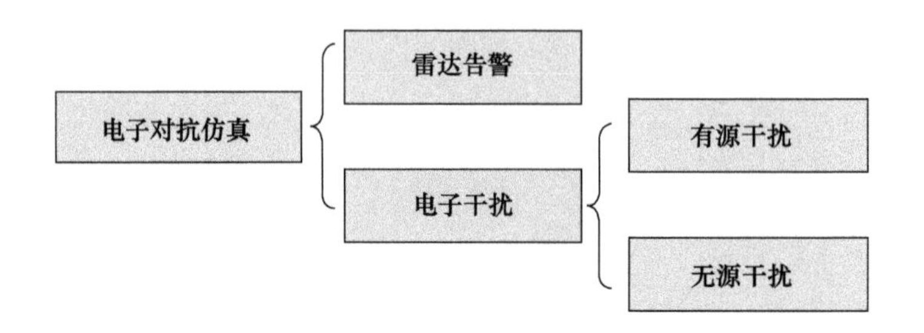

图 2-34　电子对抗仿真模块

(1) 雷达告警功能。自卫电子对抗分系统向飞行员提供威胁雷达和指令制导导弹发射的告警，向飞行员提供照射机载的雷达的方位、频率、威胁程度、雷达工作状态，以符号和数据的形式显示给飞行员，同时，可自动地对新威胁参数进行记录。

(2) 干扰能力。电子对抗分系统能对威胁实施有源干扰，包括压制干扰或欺骗干扰，无源干扰主要是施放箔条、红外弹等。

有源电子干扰模型是一个很重要的组成部分，它包括与机载火控雷达有关的所有有源干扰样式，包括各种压制式干扰、欺骗式干扰和组合式干扰。每种干扰样式都由一个独立的使能模块实现。这些模块构成了一个模块库。要产生某种样式的干扰，只要发出控制命令使对应的模块处于使能状态即可。电子对抗仿真总体框架如图 2-35 所示。

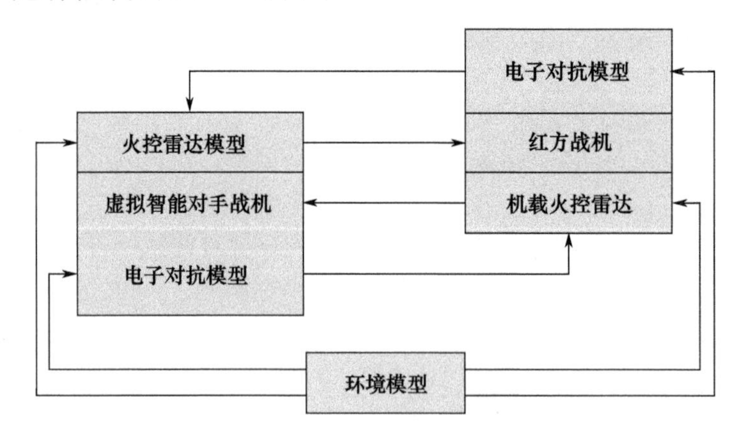

图 2-35　电子对抗仿真模型总体框架

1) 雷达方程

雷达系统对目标的探测性能可以用雷达方程加以描述，在无外部噪声干扰

环境下用信噪比表示的雷达方程为

$$\mathrm{SNR}=\frac{P_{rs}}{P_n/D_j}=\frac{P_tG_tG_r\sigma\lambda^2D_j}{(4\pi)^3R^4P_nL}$$

式中:SNR 为在特定的发现概率 P_d 和虚警概率 P_{fd} 下雷达实现可靠检测所需的信噪比;D_j 为雷达抗噪声干扰综合改善因子;P_{rs} 为雷达接收机检测判决点处的目标回波信号功率,可表示为

$$P_{rs}=\frac{P_tG_tG_r\sigma\lambda^2}{(4\pi)^3R^4L}$$

式中:P_t 为雷达发射机的峰值功率;G_t 为雷达天线在目标方向的发射增益;G_r 为雷达天线在目标方向的接收机增益;σ 为目标的有效散射截面积;λ 为雷达工作波长;L 为综合损耗,包含雷达发射损耗、接收损耗和双程大气传播损耗等;R 为目标与雷达之间的距离;P_n 为系统热噪声,可表示为

$$P_n=kTB_sF_n$$

式中:k 为玻耳兹曼常数;T 为温度;B_s 为雷达接收机中频带宽;F_n 为雷达接收机噪声系数。

2) 干扰方程

噪声干扰的目的是对雷达进行压制,使其探测目标的性能降低直至不能正常探测目标。在实施噪声干扰时雷达接收端的干扰信号功率为

$$P_{rj}=\frac{P_jG_jG_{rj}\lambda^2}{(4\pi R_j)^2L_j}\cdot\frac{B_s}{B_j}$$

式中:P_j 为干扰机发射功率;G_j 为干扰机的天线增益;G_{rj}为干扰方向上雷达天线的副瓣增益;R_j 为干扰机与雷达之间的距离;L_j 为干扰机综合损耗,包含干扰机发射损耗、极化损耗、干扰信号的单程传播损耗等;B_j 为干扰机信号频谱宽度。

3) 烧穿距离(压制距离)

对于给定的目标、雷达及干扰环境,由于干扰和其他因素的存在,当距离稍远时,雷达发现不到目标,随着目标逐渐靠近雷达运动,目标的回波信号功率越来越强,即综合信干比 S/J 越来越高,使得在某一个距离时雷达刚好能够发现目标,此时的距离称为雷达的"烧穿距离",它与干扰机的"压制距离"在本质上是同一个概念。

当存在外部干扰时,雷达系统的综合信干比可表示为

$$S/J = \frac{P_{rs}}{(P_{rj} + P_{rc} + P_{rt})/D_j}$$

式中:P_{rc}为雷达检测端接收到的各种杂波的功率之和。

当存在积极有源干扰时,由于一般满足 P_{rj}远大于 P_{rc},故有

$$S/J \approx \frac{P_{rs}}{(P_{rj} + P_{rt})/D_j}$$

根据双方飞机的相对位置距离,可求出相应的 P_{rs}、P_{rt}、P_{rj},即可求得烧穿距离。当处于烧穿距离外时,则不被雷达发现。

6. 战场环境仿真模型

军事训练的首要一点就是要创造一个贴近实战的训练环境,使得各类受训人员能够在逼真环境中得到恰如其分的训练。战场环境是敌对双方作战活动的空间,在现代作战模拟中,要营造一个贴近实战的训练环境。战场环境仿真是运用计算机仿真、可视化计算、图形图像技术,在用多种手段获得的战场信息的基础上,通过计算机进行信息综合处理,建立一个符合特定的作战训练课目需要的数字化的战场环境,完成对虚拟地形、电磁、时间、大气环境等战场环境的仿真。

战场地理环境是其他环境的存在依托,起着空间基准的作用。地理环境仿真主要是对自然景观、地形地貌、人文景观等进行仿真。气象环境仿真主要内容包括对气温、云雾、降水和风的模拟。电磁环境仿真受地形、气象等因素影响,对电磁辐射源分布、电磁频谱、电磁波的传递范围和受气象干扰的程度进行仿真。

7. 仿真数据记录模块

仿真数据记录对嵌入式训练有着重要的作用。无论是在短期还是在长期,仿真数据重用都有很高的价值。

(1) 对于嵌入式训练,仿真数据记录的主要目的是训练成绩离线分析评估,并能回放整个训练对抗过程,分析训练过程中存在的问题和不足。

(2) 通过对大量训练记录的大数据进行挖掘分析,可进行训练的精准筹划,可以得出针对训练弱项、短板的最优的训练设计方案,对训练对象“量身定制”训练计划,“因材施训”有的放矢地组织训练。

(3) 通过对整个嵌入式训练过程的实时数据记录进行即时分析,实现全过程、全要素、全方位的科学精细化管理与控制,强化训练管理能力、训练风险管控能力和训练保障能力。

(4) 通过跟踪数据记录中武器装备的状态参数数据,以反映装备设备的工

作情况，利用大数据对设备状态性能进行综合分析，评估装备性能寿命和设备故障概率，建立风险预测机制，保证训练的安全可靠。

仿真数据记录可以按照记录文件头和记录文件体的结构进行设计，文件头主要记录训练的基本信息，主要包括训练时间、训练背景、参训飞行员、训练课目、训练想定等内容；文件体主要以时间顺序记录训练过程中各个时刻的状态、事件等内容。

8. 安全监控模块

随着部队训练由一般条件下的训练向复杂条件下的实战化训练转变，安全风险不断加大。训练是战争的预实践，人员、装备涉及高难危险项目多，一旦发生安全事故，训练质量无从谈起。系统化常态化抓好嵌入式训练安全监控工作，对于保证部队安全稳定、促进部队嵌入式训练科学健康发展，具有重要的意义。

嵌入式训练过程的安全监控模块主要完成 3 个方面的工作。

（1）要进行装备的安全监控。要实时监控飞机各设备的工作状态，遇有设备故障进行及时告警，以便飞行员进行立即处置。

（2）要进行训练过程安全监控。对训练进行必要的安全设置（训练空域范围、飞行高度范围、飞机编队间最小距离范围等），当训练超出安全范围，进行及时告警，提示飞行员退出危险状态，以避免威胁情况的发生。

（3）要对飞行员操作动作、流程实时监控。对飞行员关键操作、特情处置流程等进行实时监控，避免因操作不当造成安全事故的发生。

2.3.3 数据传输模块

嵌入式仿真系统与参训飞机的数据交互是嵌入式训练仿真的一种重要环节，在满足数据交互需求的基础上，保证系统的可靠性，同时也保证嵌入式仿真系统在各型飞机上的通用性，设计通用仿真交互接口非常有必要。仿真交互接口作为嵌入式仿真系统与飞机之间的桥梁，承担了全部仿真信息数据上行与下行的数据转换与传输工作。数据量大、数据类型繁多、数据结构复杂。同时，为了真实模拟机载设备，需要保证转换数据的传输格式、时序特点与原机设备相一致。必须能够保证能够真实模拟原机设备接口数据特性，保证数据转换传输满足系统的使用要求。

嵌入式训练系统的数据传输、数据交互主要涉及 3 个方面。

（1）实现参训飞机与嵌入式仿真系统之间的数据传输。

（2）实现嵌入式仿真系统与地面训练任务支撑环境之间的无线数据传输。

（3）实现用专用的存储设备进行想定数据的上传和仿真数据记录的下载。

数据传输示意图如图 2 – 36 所示。

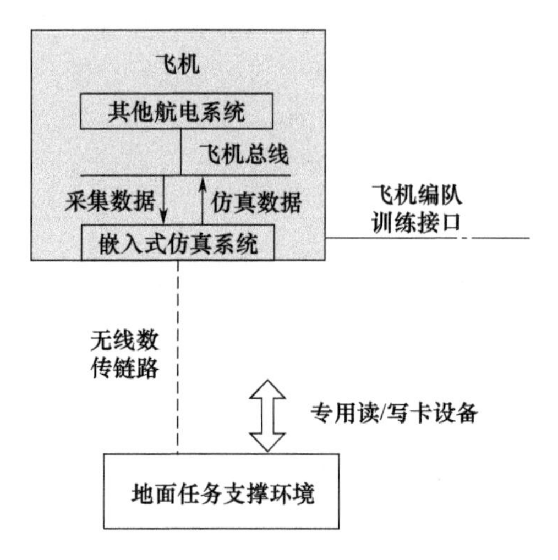

图 2 – 36　嵌入式训练系统的数据交互

1. 参训飞机与嵌入式仿真系统的数据传输

参训飞机与嵌入式仿真系统之间数据传输的目的主要是将飞行员、飞机、仿真系统构成一个闭合回路，搭建一个 LVC 的仿真训练环境。要将飞机的状态数据和飞行员的操控指令下传给嵌入式仿真系统，作为仿真系统的输入数据；而后将仿真结果数据（任务设备状态及态势信息）上传给飞机和飞行员，从而形成一个"人 – 实装 – 仿真系统"的回路，如图 2 – 37 所示。

从参训飞机采集的数据包括从飞行总线上采集飞机的飞行状态数据、位置数据等信息；从作战总线上采集武器攻击数据以及飞行员对驾驶杆上作战按钮、油门杆上作战按钮、多功能周边键按钮、其他面板的控制开关指令等数据，如图 2 – 38 所示。

上传给参训飞机的仿真结果数据包括火控雷达仿真数据、光电雷达仿真数据、武器外挂仿真数据、电子对抗仿真数据以及虚拟数据链和安全报警信息，如图 2 – 39 所示。

2. 嵌入式仿真系统与地面训练任务支撑环境的数据传输

嵌入式仿真系统与地面训练任务支撑环境之间的数据传输主要是实现两方面的功能。

(1) 实现训练过程的实时监控。将嵌入式仿真系统仿真生成的双方作战态势，下传到地面训练任务支撑环境，通过二维/三维实时监控模块，可以对训练过程及其态势进行全程实时监控，以便指挥员对训练情况进行全面掌握，当遇有突发危险情况时,能够及时将以处置。

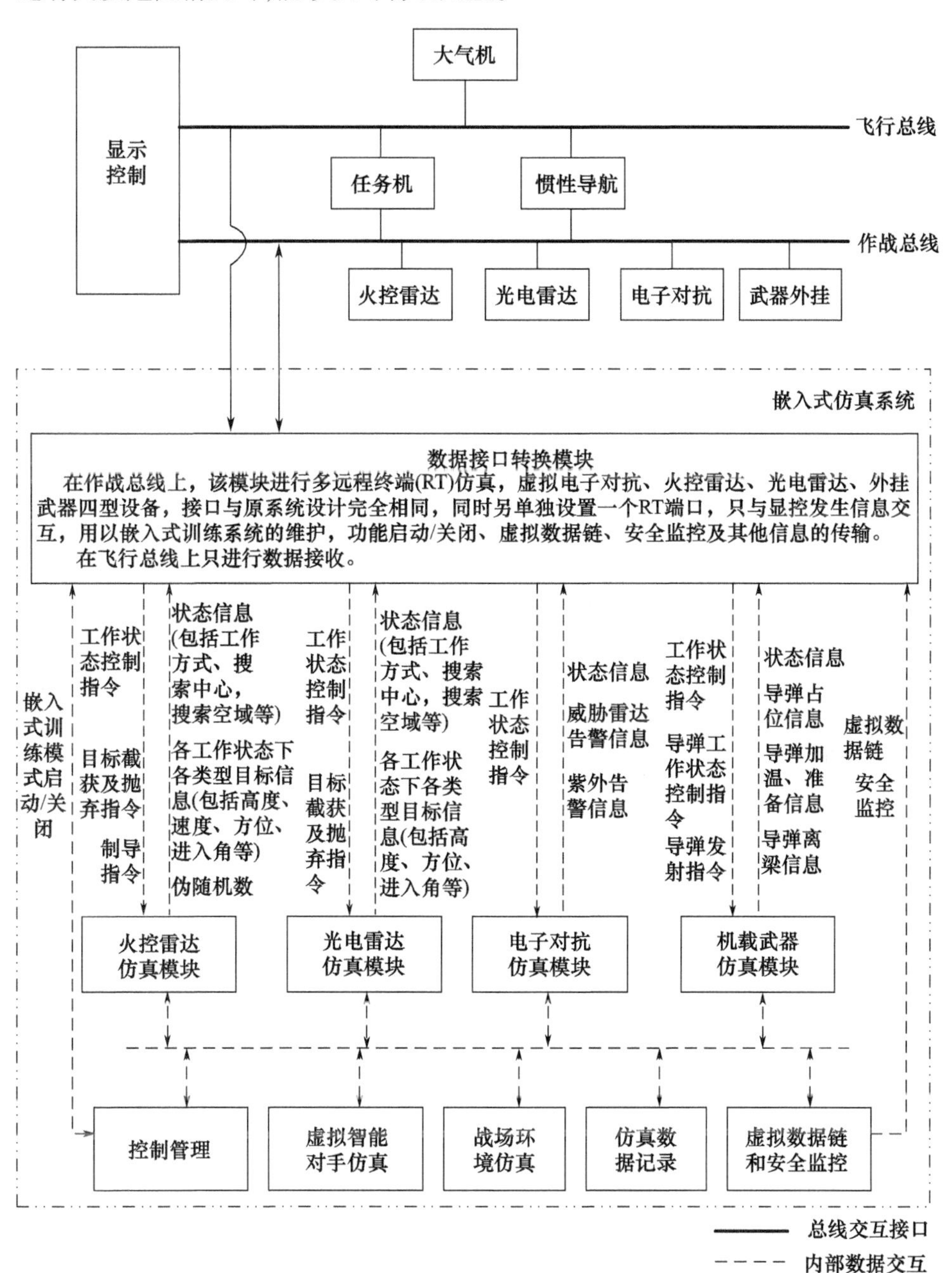

图2-37 嵌入式仿真系统交互数据

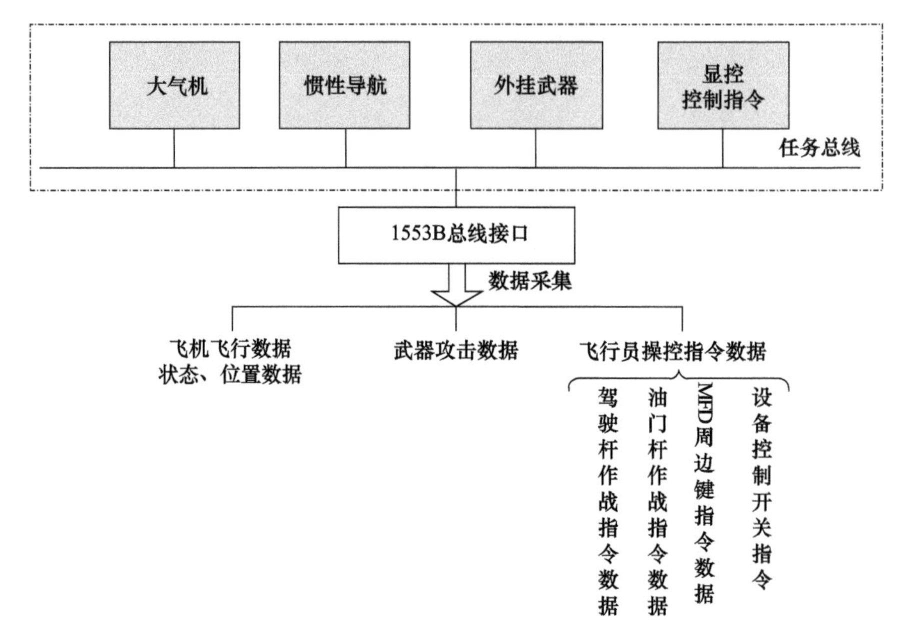

图 2-38　飞机到嵌入式仿真系统的下行数据

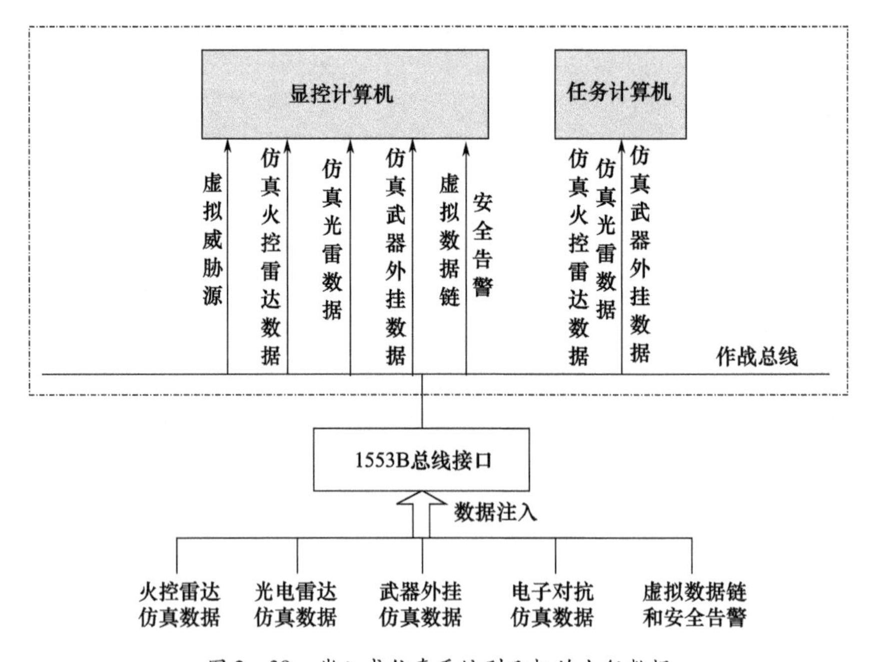

图 2-39　嵌入式仿真系统到飞机的上行数据

（2）实现训练过程的干预功能。地面指挥员可以通过地面训练任务支撑环境给嵌入式仿真系统上传干预命令，干预仿真系统的运行过程。可以对虚拟智能对手的战术决策和战术行为进行干预，以按照指挥员指定的战术行为或动作进行执行，也可以在战术意图达成后，在指定的空域位置重新生成一批新的虚拟智能对手目标，让飞行员继续完成战术对抗任务，以便在飞机一次升空中完成多次战术对抗训练任务。

嵌入式仿真系统与地面训练任务支撑环境之间的数据传输通常采用无线数据传输链路。根据设计方案的不同，可以采用现有数据链的扩展端口，也可以采用无线数传电台的方式实现。不管采用哪种方案，都要满足无线数据传输的带宽、速率、可靠性等要求。

3. 想定数据上传和数据记录下载

在地面训练任务支撑环境中完成想定制定后，给嵌入式仿真系统进行想定数据加载，以及嵌入式仿真系统运行期间的数据记录，可以采取共用一个数据存储卡的方式实现。这个存储卡可以单独为嵌入式仿真系统使用一个专用存储卡，可以使用参训飞机原有的 DTC（数据传输卡）加载卡，要根据不同的设计要求进行选择。

想定数据加载要在嵌入式训练开始以及参训飞机起飞之前进行。数据存储卡可以是固定式的，亦可以是能够插拔式的。如果是能插拔式的，通常将储存有想定数据的存储卡插入嵌入式仿真系统硬件设备中即可；如果是固定在嵌入式仿真系统中的，则需要采用专用电缆的方式将数据写入到固定在嵌入式仿真系统中的存储卡上。同样，数据记录的下载也相应采取插拔式或专用电缆方式进行。

2.3.4　地面训练任务支撑环境

地面训练任务支持环境是嵌入式训练的辅助系统，用于有效开展嵌入式战术对抗训练提供必要的辅助支持。在训练任务准备阶段，主要用于完成训练想定的制定，通过便携式存储卡给嵌入式仿真系统进行加载；在训练任务实施阶段，进行训练的实时态势监控，并可对仿真过程中的仿真决策进行干预，同时还可以将实时态势信息引入指挥所，实现指挥所对参训飞机的指挥引导功能；在训练后的分析评估阶段，可通过便携式存储卡中记录的数据，进行训练成绩的详细分析和评估。

地面任务支撑环境主要由训练想定制定分系统模块、二维/三维态势监控模块、训练成绩离线分析评估和过程回放模块等组成，如图 2－40 所示。

（1）训练想定制定分系统。根据训练预案，完成对训练想定的制定、修改、

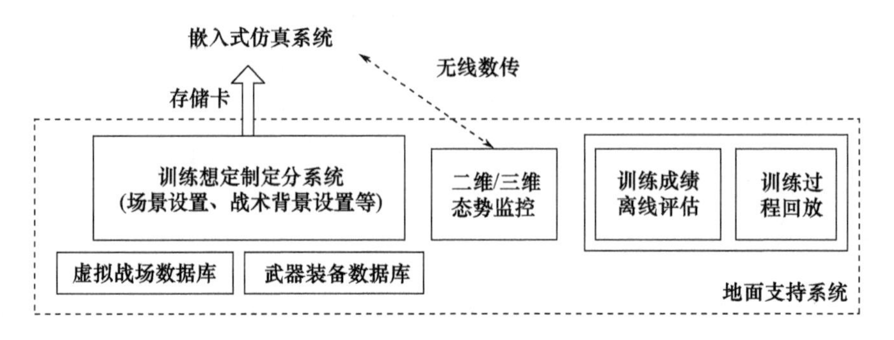

图 2-40 地面支持系统的功能模块

存储等功能。实现对战场环境(气象、大气、电磁等)、训练区域、飞行航路、作战样式、编队方式、挂载武器、目标位置、目标机型、目标武器等训练想定的设定,并对训练模式、仿真负载方式等进行设定。

(2) 二维/三维态势监控。通过无线数传链路将仿真数据传输到地面训练任务支撑环境,对训练过程中的虚拟作战态势进行实时二维/三维态势显示,并能通过无线数据传输链路给嵌入式仿真系统上传干预指令,实现对仿真过程的地面指令干预功能。

(3) 训练成绩离线分析评估。围绕战术对抗训练任务及训练目的,以训练中发现问题、纠错与提出意见为主导,综合考虑对抗过程中战术运用和武器运用效果,依据训练过程中记录的状态、操控、态势等各种数据,实现针对训练过程中各个环节的详细离线分析评估,以达到练一次进步一次和以评促训的目的。

(4) 训练过程回放。再现训练过程,用于训练后的总结、问题查找、战术研究等。

1. 训练想定制定分系统

训练想定制定分系统是嵌入式训练的辅助系统,也是开展嵌入式训练的起点。主要依靠训练想定制定分系统,按照训练计划,完成训练课目、训练场地、参训兵力、威胁环境等训练条件的设置。主要以作战想定为基础,按照作战想定的内容以及仿真训练系统和模型的需求,重新梳理作战想定内容之间的内在联系,以结构化的形式实现作战想定内容的再抽象和再组织,主要用于驱动仿真训练系统进行作战对抗训练。

训练想定的制定是完全依据并真实反映于作战想定,其想定内容与作战想定基本一致,只不过除了必要的基本想定/背景想定外,对作战过程描述更仔细,即作战双方随时间推进。其他还包括实体(如兵力、飞机、机场、导弹、雷达、指挥所等)位置、行动(机动、发现、交战、毁伤、保障)、行动规则、装备数据、环境数据等。

训练想定制定分系统需要具备如下要求。

（1）编辑界面功能丰富，使用方便。训练想定生成工具，应具有功能丰富的软件界面，能够实现对作战背景、兵力编成与部署、实体轨迹、战场环境等的增加、修改、删除、查找和统计，并尽可能通过界面功能约束想定数据之间的逻辑关系，减少训练想定制定时的输入错误。

（2）训练想定描述灵活，易于扩展。训练想定的分解与抽象，是想定生成工具研究的重要内容。只有采用完备、准确的想定描述方法，才能实现对训练想定数据格式的良好结构化，进而实现对想定数据的有效管理。训练想定的描述结构还应具有强大的扩展功能和规模上的伸缩特性，以适应不同规模、不同作战样式、不同作战目的和不同试验目的的仿真想定描述需要。

（3）输出想定数据规范，便于重用。训练想定内容丰富，数据量大，重复设置必然提高想定制定成本，降低效益。因此，在设计训练想定的输出结构时，应着眼于数据使用需求，从计算机自动处理、跨平台数据交换的角度出发，研究数据在系统内部和系统之间的数据重用机制，提高训练想定数据的应用范围和应用价值。

（4）地理信息支持，便于图上作业。训练想定与作战想定的编写思路和方法类似，是对训练对抗过程和作战行动的设计。因此，其编写过程必然需要强大的地理信息资源支持，包括电子地图、军事标绘、信息查询、地形分析与量算等功能，这样可以大大提高训练想定编写的准确性和科学性。

训练想定制定分系统的逻辑框图如图 2－41 所示。

2. 态势监控分系统

态势监控分系统是一个利用计算机图形、图像处理技术表现战场环境，并在此基础上将当前兵力双方运行轨迹、双方姿态数据、空间相对关系、双方交战状态、态势演变过程以可视化的方式显示出来，用于指挥员能够实时获取对抗训练的各种情况信息。态势监控分系统是对嵌入式训练的作战对抗态势在地面训练任务支撑环境进行实时复现，以便地面指挥员能实时监控训练过程和实时掌握训练情况，并能进行必要的指挥引导任务，主要包括二维/三维态势监控。

（1）二维态势监控。主要以实时时间为触发条件，复现参训飞机和虚拟智能对手的各种态势信息，在二维 GIS 地图不同比例尺上显示不同图层显示/隐藏、飞机姿态、飞机轨迹、雷达搜索、雷达锁定、导弹发射以及标牌显示（如显示内容为批次、时间、高度、速度和方向角等）。标牌内容定制包括经度、纬度、各向速度以及各项飞机实体属性等功能。标牌定制信息保存配置功能以方便多次使用。

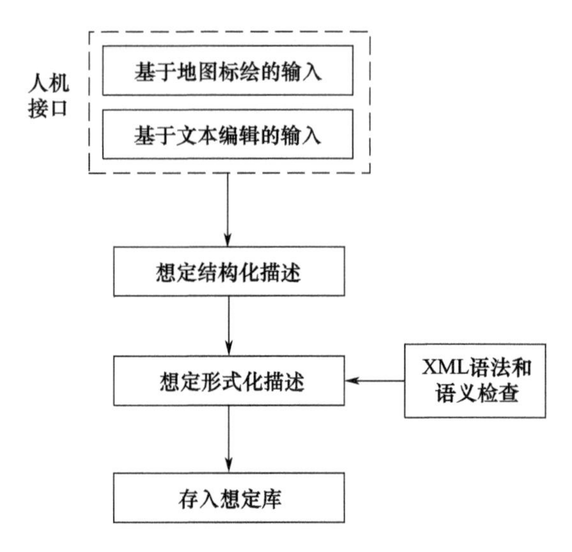

图 2－41　训练想定制定分系统逻辑框图

（2）三维态势监控。态势监控可以实现态势的二维、三维切换显示。在三维态势显示下更便于展示当前训练态势信息，实现三维地形显示、图标显示、雷达探测、雷达锁定、导弹发射以及三维标牌显示。

3. 训练成绩离线分析评估和过程回放分系统

1）训练成绩离线分析评估

训练评估作为军事训练活动一个不可或缺的重要环节，已成为当前部队推进军事训练科学化、精细化的一个重要抓手，对升华理论、推动能力提升具有重要作用。训练评估是嵌入式训练的重要环节，应着眼查找缺点和问题、分析总结经验教训，指出今后训练的改进意见和努力方向，提出具体措施，从而达到提高战术对抗能力的目的。

（1）训练过程评估原则。以嵌入式空战战术对抗训练中单机或编队为评估对象，以训练中发现问题、纠错与提出意见为目的，按照单机由"局部到整体"和编队由"整体到个体"的辩证方法，综合考虑对抗过程中战术运用和武器运用效果，依据训练过程中记录的状态、操控、态势等各种数据，建立量化、规范、操作性强的评估指标体系。

单机训练评估，采取从单项指标求解到整体指标综合的评估方法。

编队训练评估，首先将编队视为一个整体进行综合评估，然后根据个体对整体的贡献程度得出对个体的评估。根据复杂系统理论，只有从整体角度去评估才能符合作战实际；根据评估目的，整体评估要落到每个个体上，才能具有指导性。

（2）基于效果的训练过程评估方法。基于效果的评估，是指在训练过程评估中，将评估的关注点放在训练对象达到的效果上，以“训练过程中的战术运用效果和武器操作效果”为评判依据，构建评估指标体系的方法。

理解基于效果评估的内涵，要准确把握以下两点。

① 效果指标贯穿于评估活动的全过程，评估活动各个环节的关注点都是行动的效果，对各项效果指标进行精确评估。

② 基于效果的评估不以效能为直接依据，但最终反应效能。效果是人员行动实践的客观结果，是与实践过程直接相关联的评估指标；效能是指达到系统目标的程度，是与操作过程间接关联的、更为综合性的指标。因此，基于效果的评估更能直接揭示人员实践活动的规律。

战术运用效果主要反映在飞行员作战过程中通过战术运用使空战态势是否向有利的一面转换；武器使用效果主要反映在武器运用时机、运用方式等造成的影响效果环节上。

（3）基于效果的空战对抗训练过程评估指标体系的建立。训练过程评估的目的是不以得出一个综合评估数值成绩为最终目的，而是为训练提供准确的、对提高训练质量有帮助的、与训练效果相关的丰富的数据信息，通过数据信息可分析得出训练存在的问题和不足。因此，评估指标的建立是在追求全面、灵敏、可测、物理意义明显等要求的同时，允许存在冗余指标。如处于敌雷达探测波束内和处于敌导弹攻击包线内两个指标不是完全独立，但提供的信息却大不相同，因此，这两个指标同时存在对反馈训练问题是有意义的。

围绕嵌入式空战战术对抗训练中单机或编队自由空战，建立单机或编队的训练过程评估指标体系，如图2－42所示，图中只列了三级指标（部分指标还可以划分四级指标）。对于单机1对1空战对抗训练，主要考虑各武器设备的使用和战术选择指标，如火控雷达的使用效果主要考虑先敌发现、先敌跟踪以及红蓝双方位于对方雷达探测/跟踪波束内的时间比。对于编队空战对抗训练，战术运用效果除了考虑战术选择指标外，还需考虑编队战术决策、编队指挥协同等指标；武器使用效果主要从编队整体去考虑雷达、武器、电子对抗以及数据链等的使用情况，得出战术运用和武器运用的评估结果后，再来分析编队中长、僚机之间的贡献关系。

空战训练的可量化评估指标的建立是十分困难的。为了便于量化分析，在建立指标时大都采用了时间因素指标，既避免了不同量纲的归一化问题，又能在很大程度上反映训练效果。空战训练是对抗、博弈的过程，不能撇开对手因素进行评估，因此，在战术运用和武器运用效果中很多地采用了双方指标值比。

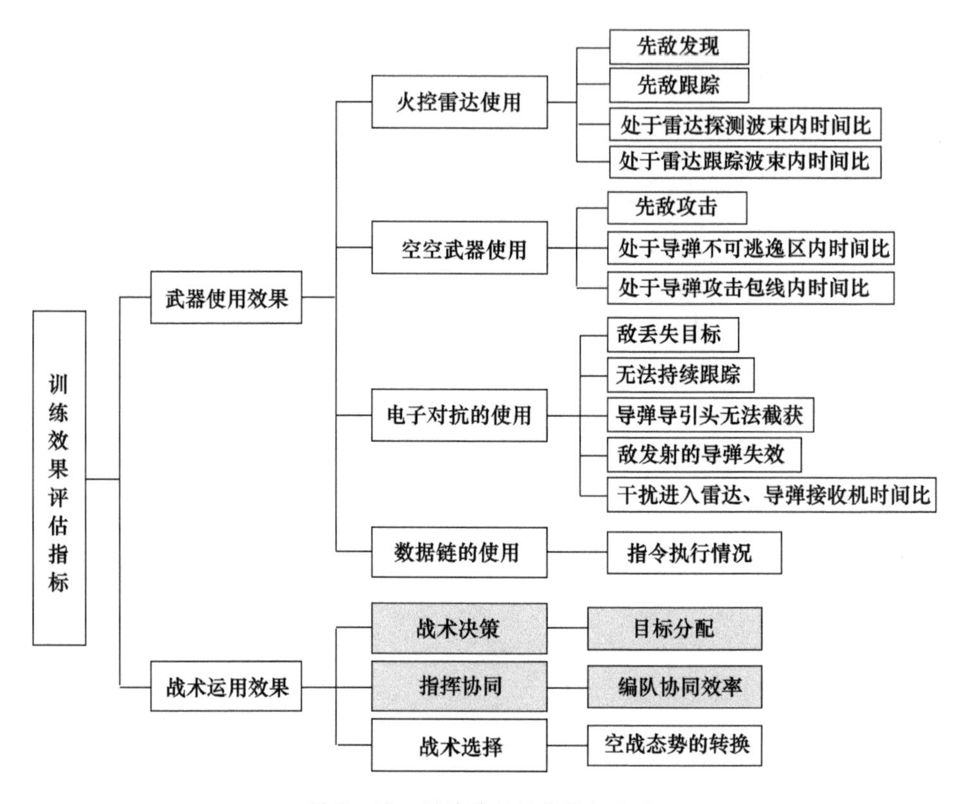

图 2－42 训练过程评估指标体系

(4) 指标值的表示和求解。评估指标体系的量化计算是实现对训练效果量化评估的基础,训练效果的评估指标是由空战对抗过程中多个环节的效果因素所决定的,指标值的量化计算又必须对这些环节的效果因素做适当的简化与量化处理,并依靠训练过程中实时记录的各种状态、操控、态势等数据进行统计分析和量化计算实现。对于大多数时间指标,很容易求得各项指标值;但对于战术运用效果指标,需建立军事理论知识库模型来进行求解。此外,除指标值正确、合理的求解外,各项指标值还需要用清晰、直观的方式表示出来,这样才能便于飞行员从大量的数据中获取有用的信息。

① 指标值的表示。以建立的训练过程评估指标体系为依据,围绕空战对抗过程时间主线,可以画出红、蓝双方在各指标评估点上的优势图,如图 2－43 所示,可以直观表示红、蓝双方在各个效果评估点上的优势关系,从图中还可以得出武器使用的时机、运用的方式、使用的效果(如先敌发现、先敌跟踪、先敌发射、位于对方雷达探测波束内的时间比等)。此外,还可以用柱状图表示红、蓝双方在各个指标上的时间比。

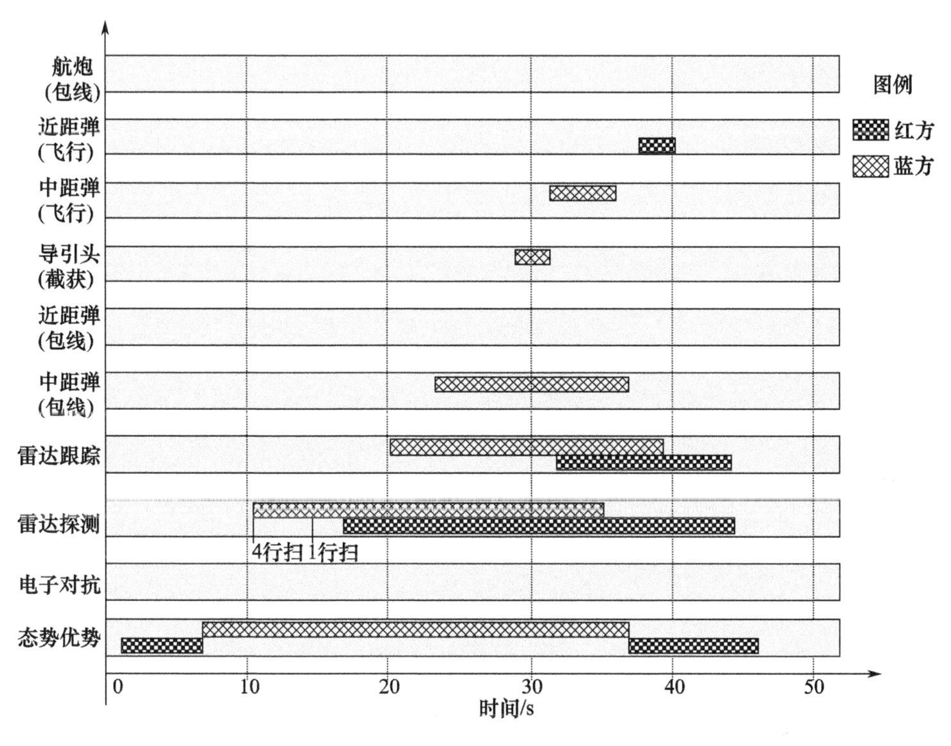

图 2-43　红、蓝双方的优势图

② 战术运用指标的求解方法。战术运用效果指标的评估是对一段时间战术态势变化的统计分析,每一个时刻点的战术态势评估不能用数理统计和简单的计算进行求解,必须建立相应的指标评估求解模型。每一个时刻点的战术态势是从无序的、不确定的、复杂的空战环境中获取与敌方意图和能力相关的信息并通过评估判断或推理计算而来的,这些判断推理具有很大的模糊性和不确定性,必须采用人工智能等不确定性推理的方法。例如,可采用贝叶斯网络的推理方法,由于贝叶斯网络模仿了人的推理机制,能很好地表达知识的不确定性,并且能够实现快速的双向推理(预测和诊断),因此,可以采用动态贝叶斯网络推理和模糊逻辑技术,并运用专家知识和案例分析方法,构建战术运用指标的评估求解模型。

2)训练过程回放

训练过程回放是根据记录的详细数据,按照原仿真中时间推进信息读取仿真记录数据,通过二维/三维态势回放模块,复现作战过程中各实体状态推进和飞行员战术操作态势信息,可以根据实际需要灵活控制回放进度,便于对训练过程的关键操作细节进行认真分析,反复推敲,查找发现飞行员训练中战术运用、武器使用所暴露出的问题和不足,从而制定改进措施。

从不同的角度和标准出发,作战仿真数据有不同的分类结果。按仿真实体的属性可划分为空间数据(如空间位置坐标、姿态角等)与非空间数据(如实体型号、飞机油量等)。前者为态势显示中所必需的绘制参数,后者主要应用于态势显示过程中对仿真实体属性信息的查询。按态势目标归属可划分为虚拟智能对手态势、己方作战态势,按照目标信息的空间相关性可划分为几何态势数据与专题态势数据。考虑到仿真目标的运动特性及目标间的关联性,可将静态目标和动态目标分开进行处理,以减轻系统的处理量,同时为正确表达目标间的相互作用关系,增加了关系数据。

(1) 静态目标数据。嵌入式训练中,静态目标一般指战场环境中用于作为打击目标的地面建筑物,如机场、指挥所、防空导弹阵地、雷达阵地、常规导弹发射阵地等待打击的目标。其共同特点是空间位置通常不随战场态势的变化而变化,即几何坐标数据不变,只有属性信息会发生改变,如机场被摧毁、机场剩余的待参战战斗机减少等。

(2) 动态目标数据。动态目标一般指参与实际战术对抗的武器装备,如双方空中战斗机、发射后的导弹以及待打击的空中或地面移动目标。其共同特点是空间位置和属性信息通常都随着战场态势的变化而变化,如飞机、导弹在飞行过程中空间位置和空间姿态信息(方位、仰角、高度)的改变。

(3) 目标间的关系数据。关系数据是反映己方成员之间、虚拟对手成员之间或己方与虚拟对手方之间的相关关系,主要有指挥关系、锁定或捕捉关系、交火关系、协同关系等。指挥关系,表示指挥与被指挥的关系,反映相互间的隶属关系。锁定或捕捉关系,表示雷达对目标的捕获与锁定。交火关系,表示攻击与被攻击的关系,打击与被打击的关系。协同关系,表示目标间相互协作,相互配合,共同完成作战任务的协作关系。通过关系描述,战场态势更加清楚明了。

对于仿真回放的快放或慢放的处理,记录数据的读取仍然按照仿真时间步长依次读取,只是显示时要根据回放的速度快慢对时间进行压缩或拉长,这样保证了回放事件或演绎态势的连续性,避免了丢失部分信息的情况。

第3章 机载嵌入式训练系统的关键技术

机载嵌入式训练系统是一个集真实装备、模拟仿真、数传链路、想定制定、分析评估等多个分系统于一体的全新训练系统。为保证整个系统的先进性、有效性、协同性、可靠性，在系统设计与研制过程中，需要突破多项关键技术，主要包括以下几方面。

（1）体系结构技术。

（2）虚拟智能对手生成技术。

（3）嵌入式技术。

（4）信息交互技术。

（5）多模型建模技术。

（6）LVC 仿真建模技术。

（7）训练评估技术。

3.1 关键技术之一：体系结构技术

如何在真实装备上构建嵌入式训练功能，做好顶层设计，满足装备和训练系统的可靠性、可维修性和可使用性，体系结构技术是关键技术之一。主要从较高层面分析嵌入式训练的需求、分析各系统方案的差异、制定建设计划、推进多个系统的综合集成，实现共同应用的目标。其研究内容包括嵌入式训练的系统组成、结构设计、逻辑关系、功能实现和训练费效比等，研究重点是运用系统理论、军事训练学、装备保障理论和信息理论等学科知识，构建适合装备系统的嵌入式训练结构，有效提升嵌入式训练的效能。在具体设计过程中，需要综合运用体系结构技术进行一体化设计，以确保嵌入式训练系统具备以下能力。

3.1.1 基础支撑能力

为了支持灵活开放的分布式虚实结合训练，基础支撑能力包括训练网络广域互联（广域联网）、训练资源全网共享（资源共享）、训练系统按需构建（按需构建）和虚实兵力无缝融合（虚实一体）4 个方面。

1）训练网络广域互连

建立统一的网络基础设施和安全机制，连通分布部署的各类实兵实装、半实物模拟器和计算机仿真兵力等资源，实现异地和异构训练资源的网络互连，具体包括以下几方面。

（1）连通各层级指挥中心、训练基地和作战部队等训练资源的能力。

（2）训练网络与作战指挥网络安全连接能力。

（3）训练网络快速配置、安全可信组合及性能动态监测能力。

2）训练资源全网共享

提供真实兵力、半实物模拟兵力和计算机仿真兵力等训练资源标准接口规范，构建支持异构训练资源动态接入和分布式交互的训练支撑平台，实现异地和异构训练资源的网络共享和无缝交互，具体包括以下几方面。

（1）提供统一的训练资源注册与发布机制。

（2）提供训练资源的标准数据定义和交互接口。

（3）提供通用的模型算法，如虚实训练空间的坐标转换。

（4）提供实时准确的信息交互机制。

3）训练系统按需构建

根据训练对象和训练内容，灵活组装实兵实装系统和仿真模拟资源，以及训练导调和裁决评估等工具，按需设置训练想定、装备参数、裁决规则和评估标准等模板数据，形成面向任务的训练系统灵活构建和软件定义能力，具体包括以下几方面。

（1）虚实资源按需灵活选配，支持对虚实兵力保障和指挥等关系设定。

（2）训练环境按需设置，支持地理、水文气象和电磁等信息的灵活设置。

（3）训练想定库、装备参数库、裁决规则库和评估标准库等按需导入和灵活扩展。

4）虚实兵力无缝融合

融合计算机生成的兵力和半实物模拟兵力的虚拟战场空间与实兵所处的真实作战空间，生成虚实一体和时空一致的战场态势空间，具备虚实兵力之间的相互感知、任务协同和作战对抗能力，支持指挥员对各种类型兵力进行统一指挥，具体包括以下几方面。

（1）虚实一体和时空一致的战场态势生成能力。通过时空坐标转换，将所有实兵和虚兵的位置和状态等信息映射到同一个态势空间，形成全局统一态势。

（2）指挥员对虚实兵力进行统一指挥能力。真实兵力、半实物模拟兵力和计算机生成的兵力对指挥员来说是透明的，指挥员通过同一种手段指挥各类兵力。

(3) 虚实兵力互感能力。它包括实兵对实兵的感知、实兵对虚兵的感知、虚兵对实兵的感知及虚兵对虚兵的感知。

(4) 虚实兵力互抗能力。它包括实兵对虚兵攻击的毁伤裁决能力和虚兵对实兵攻击的毁伤裁决能力。

3.1.2　通用业务能力

通用业务能力包括组训、受训和配训3种支持能力。

1) 组训支持能力

指组训人员(训练组织者)组织实施整个训练过程所需的支持能力,包括训练计划、训练控制、训练指挥、训练干预及训练效果评估5种能力。

(1) 训练计划能力。支持组训人员对军事训练进行计划和规划,辅助组训者进行训练方案和场景设计,导入训练想定,让受训者进行判断、决策和行动,完成训练任务,包括训练方案制定、训练想定校验和训练想定加载。

(2) 训练控制能力。支持组训人员对训练活动进行监督、管控和应急事件处置等,包括训练情况监控、训练过程管控和突发情况处置等。

(3) 训练指挥能力。支持训练指挥员对参训飞机的指挥引导,确保训练能顺利进行。

(4) 训练干预能力。支持训练指挥员对训练实施过程中嵌入式仿真进行干预,能随时产生新的虚拟智能对手,增加训练难度,使飞行员一次升空完成多项训练任务。

(5) 训练效果评估能力。根据训练目的和评估指标体系,对受训人员在训练过程中反映出的能力水平和存在问题进行综合归纳,辅助评估人员对部队训练组织和实施效果进行复盘回顾和综合讲评,包括评估任务设计、评估指标设计、训练过程复盘和综合分析评估等能力。

2) 受训支持能力

为受训者(红方)提供筹划决策、行动指挥及装备操作等真实或模拟的作业环境,包括红方真实系统接入、红方真实装备安装及红方武器装备模拟3种能力。

(1) 红方真实系统接入能力。根据战训一致原则,能将嵌入式训练系统融入红方现役指挥系统,为红方指挥训练提供真实的指挥作业环境。

(2) 红方真实装备安装能力。根据战训一致原则,能将嵌入式训练系统安装到红方现役主战武器装备,为红方部队提供真实的训练装备。

(3) 红方武器装备模拟能力。逼真地模拟红方机载的雷达武器装备、导弹武器装备、电子对抗设备等的性能，主要战术技术指标符合武器装备实际数据，反映武器装备的真实性能。

3）配训支持能力

主要提供战场环境和蓝军等外围要素模拟能力，为受训者（红方）提供完整的训练环境，主要包括战场环境模拟、仿真兵力生成、蓝军战术运用模拟和作战仿真推演等能力。

（1）战场环境模拟能力。根据不同的训练任务和目的，构建逼真的战场环境，包括地理环境、气象水文环境、人文环境和复杂电磁环境等。

（2）仿真兵力生成能力。仿真战场环境中，由计算机生成和控制虚拟空间仿真兵力，如仿真的火炮、飞机、舰船、导弹及战士等，为机载嵌入式训练提供技术支撑。

（3）蓝方战术运用模拟能力。为提高贴近实战的训练能力，能针对潜在对手的战术运用特点，逼真模拟对手的作战思想和战术运用，提高嵌入式训练系统的训练效果和提升打赢对手的能力。

（4）作战仿真推演能力。它包括想定推演过程控制、仿真推演态势显示和仿真推演态势输出等能力，从而满足训练方案计算机仿真推演的需求。

（5）态势综合和信息分发能力。具备态势信息组织、态势信息处理、态势综合显示及态势分发管理等能力。

3.1.3 专用能力

专用能力指单军种训练和多军兵种联合训练所需的专用能力。其中，单军种训练专用能力指各军兵种依托列装的指挥控制系统实装和武器装备（包括实装、半实物模拟器和计算机仿真等形态）进行指挥训练、技战术训练及合同战术训练等能力；多军种联合训练专用能力指依托联合作战指挥控制系统、各军兵种指挥控制系统及武器装备进行多军兵种联合指挥训练、联合实兵演习等能力。

3.1.4 安全保密能力

安全保密是指通过安全与保密一体化、安全保密与应用一体化设计，为各军种训练及多军兵种联合训练提供网络安全、主机安全、训练数据安全及系统运维安全等服务，形成广域、一体和动态的安全保密能力。

（1）网络安全能力。提供网络边界控制，支持基于网络流量的安全审计，支持用户接入鉴权，可对用户端和网络端的安全性进行基线评估和准入控制，对移动网络与固定网络互连提供接入控制保护，并对有线和无线传输信道进行加密。

（2）主机安全能力。提供主机登录控制、权限管理、漏洞修复、恶意代码查杀，以及虚拟机防病毒、流量监控、入侵防御等能力。

（3）训练数据安全能力。提供训练数据资源安全隔离和数据库访问审计功能，支持不同安全域间数据的受控安全交换，并提供训练数据存储加密能力。

（4）系统运维安全能力。为服务化应用提供用户授权管理和资源访问控制能力，支持软件生命周期管理，支持应用数据包安全检测和过滤功能。

3.1.5　综合管理能力

综合管理指对训练任务、人员和计划的统筹安排以及对训练资源的状态掌握、应用监督管理与合理运用的能力，具体包括训练人员管理、训练资源管理、训练考核管理以及系统运维管理等能力。

（1）训练人员管理能力。对受训、配训、组训及保障等各类人员进行管理。

（2）训练资源管理能力。对训练场地、弹药、油料、装备及训练器材等进行统筹管理，提高训练效益。

（3）训练考核管理能力。为确保训练公平、公正和公开，对训练裁决评估结果进行自动记录和公示，对考核全程音视频进行监控。

（4）系统运维管理能力。提供统一的系统运行态势显示，具备系统运行状态感知、网络综合管理和信息服务综合管理能力，提升物理信息网络一体化管控能力。

3.2　关键技术之二：虚拟智能对手生成技术

机载嵌入式战术对抗训练最本质的核心就是能为飞行员生成具有智能性和真实性的蓝军兵力，通过计算机生成的蓝军兵力和机载火控系统之间的交联来完成战术对抗训练任务。CGF 是主要的实现技术途径。利用 CGF 生成具有逼真战术背景的虚拟智能对手，以期最高限度地接近实战，达到机载嵌入式战术对抗训练的目的。由于空战的极其复杂性，给虚拟智能兵力的生成带来了很大的难度。主要表现在以下几方面。

（1）环境因素的复杂性。环境因素的复杂性是指气象环境、地形环境、电磁环境对航空飞行器的飞行特性、战术特性（搜索、跟踪、电子对抗、雷达告警等）、行为特性（机动占位、巡航、追踪等）等具有很大的影响，而精确模拟这些影响还存在很大的难度。

（2）智能决策的复杂性。飞机空战是敌我双方博弈的过程，欲使计算机模型完全具有人的特性并能代替飞行员完成空战的整个决策过程，且要能符合客观规律,这对建模工作提出了很高的要求。

(3) 空间行为的复杂性。在六自由度空间内,能用数学模型清晰地描述飞机的各种复杂行为,是十分困难的事情。

由 CGF 创建的并能对其全部动作和行为实施自主控制或指导的虚拟智能对手,代替训练环境中的敌方人员和装备参与训练,正是嵌入式训练系统的核心魅力所在,不但可以提高训练的效率和效益,而且由于其人员和装备的模型通过软件实现,使仿真过程更易于配置和管理。另一个突出优点就是训练对手的行为由其模型控制,在仿真运行过程中不容易受人的主观因素影响,因此,比人在回路的行为控制方式具有更高的稳定性和一致性。虚拟智能对手的作战行为控制和决策完全实现了自主化,除了响应环境的战术行为和战术动作外,还具有高级的认知行为,能够独立地根据自身的任务进行规划,并且能够与任务相关的实体进行协作。它可以独立地在嵌入式训练系统中运行,自主地进行决策和自身行为的控制。战斗机空中作战是敌我双方博弈的过程,欲使计算机模型完全具有人的特性并能代替飞行员完成空战的整个决策过程,且要能符合客观规律,这对智能兵力提出了很高的要求。

随着机载嵌入式训练系统的不断发展,虚拟"蓝军"对手越来越多地体现其智能性,因而更多地涉及人的因素,而人的思维、决策等活动是作战活动复杂性的主要因素之一。采用 CGF 技术模拟真实性"蓝军"对手的思维活动,执行指挥、控制、通信等行为,具有高度的智能性、协同性等特征。同时,由于 CGF 实体之间通过直接或间接的方式进行交互而相互影响,因此,机载嵌入式系统中采用 CGF 生成的虚拟智能目标实体之间以及实体与环境之间的交互还会造成系统宏观层次上不可预见行为或特性的涌现。由此可见,基于 CGF 生成的虚拟智能目标具有典型的复杂性特征。从总体上看,具有以下几个显著的特点。

(1) 社会组织性。基于 CGF 生成的虚拟智能目标实体组成的团队是对蓝军作战行为的模拟。与特定想定中的编成部队相对应,具有相应的组织结构和组织特征。同时,它们的行为具有符合组织原则和整体目标的协调与合作特征。

(2) 逼真性。基于 CGF 生成的虚拟智能目标应表现出与系统关注的相应真实实体相一致的特性,从而实现仿真系统逼真度的需求。这里所指的特性既包括真实性"蓝军"作战编队的物理特性,也包括真实性"蓝军"的行为和组织特征。典型的如航空飞行器考虑气象环境、地形环境、电磁环境等的飞行特性,搜索、跟踪、电子对抗、雷达告警、编队协同等战术特性,机动占位、巡航、追踪等行为特性。

(3) 行为的智能性和自主性。基于 CGF 生成的虚拟智能对手涉及指挥、控制和通信等行为过程，这些行为必然具有拟人的智能性特征。虚拟智能对手在机载嵌入式仿真系统中的作用就是代替人的作用，因而，需要具有很大程度的自主行为能力。是否具有自主行为能力这也是判断一个实体是否是 CGF 的关键特征。在某些仿真系统中，实体的模型只表示了相关行为的物理特征和效果，而不具备自主的决策和行为控制等能力，这种实体不属于 CGF。

（4）行为的对抗性。基于 CGF 生成的虚拟智能目标具有组织内的协作行为，同时敌我双方的行为又具有对抗性。这种对抗性贯穿于嵌入式训练中作战双方的整个军事行动过程之中。

（5）多学科综合性。建立基于 CGF 生成的虚拟智能对手需要不同学科知识的支持，既包括飞机动力学、几何学、电磁学、信息学等自然和工程科学的内容，也包括军事学、组织学、心理学等社会和管理科学的内容。

3.3 关键技术之三：嵌入式技术

实现嵌入式训练的最重要环节是训练系统在实际装备内部的嵌入，保证训练系统合理地嵌入实际装备，需根据装备运行环境、结构特征和空间约束等对嵌入式训练系统进行相应的结构、功能、适应性设计，实现训练系统与实装系统的有机结合。仿真系统如何嵌入、怎样嵌入，是嵌入式训练系统要解决的关键技术之一。

嵌入式战术训练仿真系统是真实飞机和虚拟仿真软件系统相结合的交互式仿真，需将仿真系统和真实飞机进行一体化建模。要综合飞机装备的功能原理、结构特征、运行状态以及训练系统的原理等诸多因素，合理构造嵌入式战术训练系统的结构模型、功能模型并进行模型的校核与验证。仿真系统需要将采集飞机的状态数据和操控指令作为输入，仿真后要向真实飞机输出仿真数据信息。仿真系统不仅包括虚拟智能蓝方兵力的仿真，而且还包括真实飞机的机载火控雷达、光电雷达、机载武器、电子对抗以及战场环境等模块的仿真，这些仿真模块之间既是逻辑分离自治，又是高度耦合。这种交互仿真既体现在仿真系统与真实飞机装备的数据交互，实现仿真系统与飞机的无缝对接；又体现在仿真系统内部各仿真模块的紧密关联、密切协同的交互仿真。如何进行仿真框架的设计，使得嵌入式战术训练仿真系统的体系结构更为合理，整体架构更为柔性，并能够有效适应持续变化的仿真应用需求，是机载嵌入式训练系统首先要解决的关键技术问题。

嵌入式技术就是将计算单元作为一个信息处理的部件，嵌入到某个应用系统中的一种技术。它将软件固化然后集成到硬件系统中，从而使得硬件与软件集为一体,具有代码短小而精简、事件响应速度较快和系统控制高度自动化等优点。由于嵌入式系统的软、硬件都可以根据需要进行裁剪,所以当具体的应用对系统的功能、体积、功耗、功耗和可靠性等指标有严格要求时,是特别适合采用的计算机技术。

嵌入式训练系统需要将训练系统在实际装备内部的嵌入,保证训练系统合理地嵌入实际装备。因此,如何基于嵌入式技术综合装备的功能原理、结构特征、运行状态以及训练系统的原理等诸多因素,合理构造嵌入式系统的结构模型、功能模型并进行模型的校核与验证是必须解决的关键问题。嵌入式技术则是其实现的关键支撑技术。嵌入式技术中的核心支撑是嵌入式系统。

3.3.1 嵌入式操作系统

最早的嵌入式系统是以单片机作为信息处理的核心,而被应用到各种生产线、电器、通信设备等设备中,以增加设备的稳定性、可靠性等性能指标。这个时期的单片机只能执行较少的简单代码,功能相对单一,还不能称为系统。进入 21 世纪以来,嵌入式技术取得了全面的发展,全球众多的公司投入大量的人力物力研发嵌入式的操作系统,先后开发了 Linux、WinCE、VxWorks 等嵌入式操作系统。在通信行业里,数字通信已基本取代了模拟通信;在消费电子方面,MP3、MP5、手机、平板电脑、智能手表、智能眼镜、电视机顶盒、数码相机、数字笔、电子尺等产品的发展都极大地依赖于嵌入式技术的发展;在个人应用方面,嵌入式产品具有更为友好的人机交互界面,极大地增加了操控的便捷性,像触摸屏手写输入、语音控制等技术都逐渐地成熟起来。当前,嵌入式技术在网络、通信、医疗、工控、电子、交通、安防等领域发挥着重大的作用,它已经成为当前最有前景、最热门的应用方向之一。其中,在军事领域最具有代表性的嵌入式系统是 VxWorks。

1. VxWorks 操作系统

VxWorks 由风河公司在 1983 年开发出的一种嵌入式实时操作系统,因开发简单、系统响应速度快、稳定的内核等优点使其在嵌入式领域成为一个广泛应用的实时操作系统;目前,已经在通信、军事、航天等一系列高精尖领域占有一席之地,如美国的 F-16、火星探测器、“爱国者”导弹等。

VxWorks 拥有定制板级支持包(Board Support Package,BSP)功能,通过 BSP 可以将硬件抽象为单独的一层,从而增加应用程序代码的移植性,使得不同 VxWorks 硬件上的程序可以很方便地相互移植使用。VxWorks 拥有各种主流设备的驱动程序,用户可以直接使用,如网卡、存储和串口等,将有助于提高应用系统开发速度。

板级支持包提供一套统一的接口给不同硬件开发板使用。它包括初始化操作、系统软硬件中断产生和处理、时钟和计时器操作、局域和总线内存地址映射和内存分配等。板级支持包都包含一个只读存储启动和其他启动机制。

VxWorks 系统和基于 VxWorks 的程序都拥有极强的移植性,因为 VxWorks 的各功能模块基本都采用 C 语言编程,可以方便移植到其他 CPU 的开发板上。VxWorks 5.5 可以支持 8 类 CPU,其中有 PowerPC、Pentium、MIPS、SH、Xscale、ARM、68K 和 ColdFire 等。虽然有支持众多 CPU 类型的 VxWorks 系统,但是使用的函数接口是相同的,同时有板级支持包 BSP 的支持,以及 VxWorks 支持 POSIX、ANSI 和 BSD Socket 等统一标准,最终使 VxWorks 应用程序具有极好的移植性。

VxWorks 系统拥有高效的 Wind 内核,系统调用通过通常的函数调用实现,而没有使用操作系统常用的软件陷入机制,以此来降低系统调用的耗时,加快了任务上下文切换,并且使任务切换延迟时间确定。微内核 Wind 在 VxWorks 系统的核心部分,该内核支持全部的实时特征:快速切换任务、中断支持、抢占式和时间片轮转调度等,微内核的设计降低系统开销,使得系统对外部事件响应变得快速和确定。系统也提供了高效的任务通信方法,保证各个任务在实时系统下能够协调其他任务。程序开发人员可以使用如简单数据共享的共享内存实现通信,或者采用多任务间信息交换的信号量、消息队列、管道和套接字等。

相对于其他嵌入式系统,VxWorks 实时操作系统的优点主要有以下几个方面。

(1) 良好的稳定性与实时性。VxWorks 操作系统支持基于优先级抢占调度与基于时间片轮转调度两种任务调度方式,当对实时性要求较高时采用基于优先级抢占的方式,高性能的内核为任务切换的快速性提供了基础。另外,嵌入式操作系统工作的环境一般较为苛刻,稳定性也是一个重要的衡量依据,VxWorks一直以稳定性著称,其广泛地应用于国防、军事等领域就是一个证明。

(2) 领先的任务管理技术。VxWorks 操作系统具有 256 个任务优先级,每个任务都有一个对应的任务控制块来管理任务,另外高效的排队策略和调度技术使任务的切换和开销都做的非常小。

(3) 丰富任务间的通信方式。VxWorks 包含的通信方式有信号量、消息队列、事件等。

(4) 中断响应快。嵌入式实时操作系统的实时性,即中断响应时间嵌入式性能指标的重要一环。VxWorks 这方面一直做得很好,良好的规划设计使其中断响应时间达到了微秒级甚至更小。

(5) 移植性强。Wind River 公司给目前流行的各种体系结构的处理器都提供了板极支持包,方便了用户的开发、设计、和移植,缩短了开发流程。

(6) 兼容性强。VxWorks 支持目前广泛应用的 ANSIC 标准和 POSIX 标准,使程序的移植比较容易;良好的可移植性适合于各种开发者。

(7) 网络功能丰富。VxWorks 支持目前广泛应用的各种网络通信技术和协议,使其可以应用于数据通信、远程操控等各种通信领域。

2. 天脉操作系统

天脉操作系统由中航工业西安航空计算所研制,拥有自主版权,已在我国自主研制的各类飞机、发动机等产品中获得了应用。其中天脉 1 是支持多任务的通用实时系统,提供了丰富的功能组件;天脉 2 支持时/空隔离的分区操作系统,符合国际 ARINC653 标准,适用于复杂系统的多应用管理。

天脉操作系统采用高伸缩性、微内核设计,能力可配置、组件可裁剪等特点,支持 PowerPC、X86、ARM、MIPS 等主流处理器架构,支持龙芯、飞腾等国产处理器;具有强实时性,可实现实时多任务调度,支持优先级抢占和时间片轮转,任务切换、中断响应等达到微秒级别;提供消息队列、环形缓冲等多种任务间通信机制,提供信号量、事件等任务同步机制;具有高可靠性,支持内存管理单元(MMU)存储保护,支持高速缓存管理;提供文件系统、网络协议栈、图形、实时数据库等多种组件。

在天脉 2 操作系统中,将系统资源划分为若干在时间上和空间上相互隔离的区域,使不同区域上的应用软件能够互不干扰、独立运行。波音 787、F35 等新一代航空电子系统,均采用了具有分区功能的操作系统。

天脉 2 操作系统支持基于确定性时间序列的应用调度,最大支持 256 个应用分区,按照预定义的调度表对应用分区进行调度。应用分区只能在自己的时间窗口内运行,当时间窗口到达后,无论应用处于何种状态,都将被强制放弃处理器。分区的时间隔离保证了运行于天脉 2 上的任何一个应用分区不会影响其他应用正常运行。同时,天脉 2 支持最多 256 个不同的调度表配置,并提供 3 种不同调度表动态切换策略,满足用户的不同需求。

天脉 2 提供分区空间隔离保护机制。基于处理器存储管理单元的虚拟地址映射功能,通过定义系统态和用户态,天脉 2 将应用分区可访问的存储空间进行了隔离。任何一个应用分区仅可访问到属于自己的空间,而无法访问到系统及其他分区的空间,从而实现了对分区故障的有效隔离,保证了系统运行的可靠性。

天脉 2 提供进程级、分区级和模块级三级健康监控机制,分别用于监控应用软件、操作系统和硬件的故障。健康监控提供故障分派能力,依据故障发生时的系统状态和故障类型确定故障分派级别,实现对故障的分派,并由相应级别健康监控任务采取故障处理措施。故障分派采用责任链机制进行连接,当前级别故障未定义时,可自动上报更高一级。

3.3.2 硬件抽象层技术

嵌入式系统是一类特殊的计算机系统。它自底向上包括3个主要部分:硬件环境、嵌入式操作系统和嵌入式应用程序。硬件环境是整个嵌入式操作系统和应用程序运行的硬件平台,不同的应用通常有不同的硬件环境,因此,如何有效地使嵌入式操作应用于各种不同的应用环境,是嵌入式训练系统发展中所必须解决的关键问题,同时,也是搭建软硬件协同设计的重要基础。对于机载嵌入式训练系统,由于飞机自身的复杂性,这一问题更加突出。

为了便于操作系统在不同硬件结构上进行移植,美国微软公司首先提出了将底层与硬件相关的部分单独设计成硬件抽象层,硬件抽象层的引入大大推动了嵌入式操作系统的通用程度,为嵌入式操作系统的广泛应用提供了可能。

硬件抽象层是对硬件特性进行抽象的一个层次,它是从最初的操作系统结构中分离出的功能模块,是位于底层硬件(或指令集模拟器)与操作系统内核之间的独立软件模块。它对底层硬件特性进行了抽象,并提供符合一定规范的接口给上层模块调用,既替操作系统管理了硬件资源,又使操作系统独立于硬件平台。

硬件抽象层通过硬件抽象层接口向操作系统以及应用程序提供对硬件进行抽象后的服务。当操作系统或应用程序使用硬件抽象层应用程序编程接口(Application Programming Interface,API)进行设计时,只要硬件抽象层API能够在下层硬件平台上实现,那么,操作系统和应用程序的代码就可以移植。对于机载嵌入式训练系统而言,对飞机这一复杂硬件环境的各种交互就转化为对硬件抽象层API的调用。

从对硬件抽象层的分析不难发现,硬件抽象层具有以下特点。

(1) 实现依赖于硬件平台。硬件抽象层的内部结构以及代码实现与硬件平台是密切相关的,而操作系统移植过程则是对硬件抽象层代码进行重写的过程,它依赖于特定的体系结构与编译器。

(2) 操作系统相关性。硬件抽象层的结构与实现在一定程度上受上层操作系统结构的影响。

(3) 为操作系统提供规范的接口。硬件抽象层向操作系统提供的接口应该是符合特定规范的,通常在上层结构未发生变化的情况下接口形式不需要改变,但需要以规范的命名方式来管理硬件抽象层接口,以适应新硬件设备或新硬件功能的扩展。

引入硬件抽象层后的嵌入式系统的结构如图3-1所示。在整个嵌入式系统设计过程中,硬件抽象层发挥着不可替代的作用。传统的设计流程是采用瀑布式设计开发过程,首先是硬件平台的制作和调试,而后是在已经定型的硬件平台的基础上再进行软件设计。由于硬件和软件的设计过程是串行的,因此,需要很长的设计周期,而硬件抽象层能够使软件设计在硬件设计结束前或后开始进行。

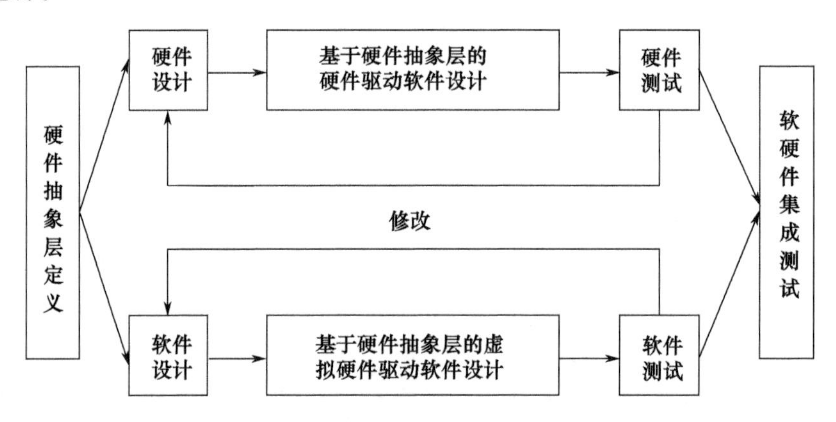

图3-1 引入硬件抽象层的嵌入式系统结构

这对于机载嵌入式训练系统尤其具有重要意义,特别是对于已经定型的飞机进行改装嵌入式训练系统。由以上分析可知,硬件抽象层在嵌入式系统开发中具有以下3个重要的意义。

(1) 硬件抽象层技术方便了操作系统的移植。

过去,在对操作系统进行移植时,首先需要从操作系统源码入手,分析并修改硬件相关部分代码。随着操作系统功能不断增强,硬件种类逐渐丰富,这种移植方式的复杂度高、可靠性差,使得移植难度越来越大。硬件抽象层的出现实现了操作系统中硬件相关代码与硬件无关代码的分离,封装了底层的硬件细节,并把嵌入式处理器与其他硬件提供的功能以标准的接口形式提供给操作系统上层模块。当目标平台发生变化时,只需要对硬件抽象层进行重写。操作系统便可以不加任何修改地移植上去。这种移植方式既不需要移植人员了解操作系统内部具体实现,也不需要软件设计者考虑硬件平台变化所带来的影响,大大提高了嵌入式操作系统的移植效率。

（2）硬件抽象层技术增强了嵌入式系统的稳定性和可靠性。

当操作系统设计复杂到一定程度时，程序设计与硬件之间的直接通信将很难得到有效的控制和管理，这是造成系统不稳定的主要原因之一。如果不对操作系统访问硬件方式进行改善，系统崩溃的可能性就比较大。硬件抽象层将硬件和上层软件隔离开，有效完成硬件访问的管理工作，这样开发人员可以专心于特定硬件平台的移植编码实现，而无须关心操作系统其他功能的实现，减轻了开发和测试的工作量及复杂程度，降低了硬件相关代码出错的可能性，从而大大提高了整个嵌入式系统的稳定性和可靠性。

（3）硬件抽象层技术提高了嵌入式产品开发的效率。

传统嵌入式产品开发流程最主要的特点在于软硬件调试的紧密结合，软件开发的每个调试阶段都需要完整的硬件电路设计完成以后才能进行。这种做法不仅要求需要设计人员同时了解软硬件相关技术，并且测试中软硬件错误难于分辨。采用硬件抽象层技术后，软硬件设计与测试工作可以在绝大部分时间单独进行，使得设计人员可以专注于自己擅长领域，大大缩短了开发周期。

自硬件抽象层概念提出以来，已经有一些公司和学术机构对操作系统中硬件抽象层的构建与开发进行了研究，下面介绍几种操作系统的硬件抽象层。

（1）Windows NT 的硬件抽象层结构。针对 Windows 95、Windows 98 操作系统经常出现的系统死机或者崩溃等现象，微软公司总结发现，程序设计直接与硬件通信，是造成系统不稳定的主要原因，并且指出，即使在没有其他程序的影响下，操作系统本身也很容易崩溃。在这个结论的基础上，微软公司在 Windows NT 系统上取消了对硬件的直接访问，而使用了硬件抽象层的技术。因此，微软在设计硬件抽象层时，其目的并不是改善系统的可移植性，而只是为了改善 PC 机操作系统的稳定性。

在 Windows NT 中硬件抽象层是最低层，它以动态链接库的形式（DLL）提供了一组面向平台的函数。这些函数将 Windows NT 操作系统与其所依赖的基本硬件进行了分离，它们负责处理底层的输入输出、中断、硬件缓存以及进程间的相互通信等。Windows NT 操作系统的微核层与硬件只有少量直接联系，大部分与硬件有关的操作通过硬件抽象层实现，而大部分设备驱动程序也是通过硬件抽象层对外设进行控制和访问。

由于 Windows NT 的硬件抽象层最初是为解决操作系统的不稳定而提出的，并没有更深入地考虑在平台移植方面的作用，而且该硬件抽象层是为通用操作系统设计的，与嵌入式操作系统开发有较大差距，不能归纳出一般嵌入式系统的特点，因此不能为嵌入式操作系统开发提供优化方案。

(2) Nanokemel。Nanokemel 意为一种比微内核还小的核。它的概念是代表最贴近硬件的抽象层次,是对 CPU、中断管理和 MMU 等的抽象。中断管理和 MMU 并不是 Nanokemel 所必需的,但是在大多数体系结构下它们与 CPU 有直接的联系,因此,它们通常包含在 Nanokemel 中。Nanokemel 有时也非正式地称作轻量级的微内核,但事实上 Nanokemel 并不包含典型微内核中的 IPC、内存管理、进程管理等,因此,Nanokemel 不能称为真正意义上的"核",而它实际上更贴近于硬件抽象层的概念。

(3) eCos 的硬件抽象层结构。eCos 是一个开放源代码的、可配置的、可以运行在 32 位或 64 位微处理器上的遵循 CEPL(基于 NPL)的实时嵌入式操作系统。eCos 使用专用的配置工具来修改硬件抽象层以适应各种硬件平台,这使得 eCos 具有很强的可配置能力,而且它的代码量小。eCos 的硬件抽象层能够提供一个能涵盖大范围内各种不同嵌入式产品的公共软件基础结构,使得嵌入式软件开发人员可以集中精力去开发更好的嵌入式产品。

eCos 根据所描述的硬件对象的不同,将硬件抽象层分成 3 个不同的子模块。

① 体系结构抽象层。对 CPU 的基本结构进行抽象和定义,此外,它还包括中断的交付处理、上下文切换、CPU 启动以及该处理器结构的指令系统等。

② 平台抽象层。对当前系统的硬件平台进行抽象,包括平台的启动、芯片的选择与配置、定时设备、I/O 寄存器访问以及中断寄存器等。

③ 变体抽象层。变体是指该处理器在其处理器系列中所具有的特殊性,这些特殊性包括有 Cache、MMU 和 FPU 等与该系列处理器的基本结构所具有的差异。

(4) BSP(板级支持包)。作为硬件抽象层的一种实现,板级支持包 BSP 是现有的大多数商用嵌入式操作系统实现可移植性所采用的一种方案。BSP 隔离了所支持的嵌入式操作系统与底层硬件平台之间的相关性,使嵌入式操作系统能够通用于 BSP 所支持的硬件平台,从而实现嵌入式操作系统的可移植性和跨平台性,以及嵌入式操作系统的通用性、复用性。然而,现有应用较为广泛的 BSP 形式的硬件抽象层,完全是为了现有通用或商业嵌入式操作系统在不同硬件平台间的移植而设计的,因此,BSP 形式的硬件抽象层与 BSP 所向上支持的嵌入式操作系统是紧密相关的。在同一种嵌入式微处理器的硬件平台上支持不同嵌入式操作系统的 BSP 之间不仅从组成结构、向操作系统内核所提供的功能以及所定义的服务的接口都完全不同。因而,一种嵌入式操作系统的 BSP 不可能用于其他嵌入式操作系统。这种硬件抽象层是一种封闭的专用硬件抽象层。

3.4　关键技术之四:信息交互技术

机载嵌入式训练系统的核心是真实装备与嵌入式仿真系统之间的交互一体化仿真,这是在空中真实的飞机上实现“实-虚”对抗训练的关键难题。实现嵌入式训练的“实-虚”对抗训练功能,从仿真系统与真实飞机的信息数据交换角度,主要是把嵌入式仿真系统中机载雷达的状态信息、机载雷达与虚拟智能对手的交互仿真信息、机载武器的状态信息、机载武器与虚拟智能对手的交互仿真信息、机载电子对抗设备的状态信息以及机载电子对抗设备与虚拟智能对手的交互仿真信息等转化成参训飞机实装火控系统及任务计算机能够识别的格式,再通过参训飞机的多功能显示器反映给飞行员,使飞行员获得虚拟目标信息。为了使嵌入式训练系统既能给飞行员提供逼真的身体感知和情景意识,飞行员能通过真实的界面操控飞机,同时嵌入式训练系统也能对飞行员的操作进行逼真的反馈,从而构成“仿真系统→真实装备→飞行员→装备操作→仿真系统”这样一个闭环模拟训练过程。从技术实现层面,依托于信息交互技术。

3.4.1　信息数据融合技术

在机载嵌入式训练系统设计过程中,数据融合技术主要是指机载嵌入式训练过程中,将信息技术与数据内容进行有效的融合,优化数据与信息之间的交流沟通效率。同时,在机载嵌入式训练的执行过程中,有效加大不同信息之间的数据交换效率,继而使得信息传递和数据传输的速度出现了明显的提升。另一方面,在进行噪声数据的交流传递过程中,为了确保整个传递过程的稳定性,以及传递功能的优化性,还需要应用数据融合技术保障数据信息的传递的汇聚,使得数据传递和通信效果得以改善。除此之外,数据融合技术的应用,还能够有效地通过仿真系统与真实装备之间的数据交换形式,将整个机载嵌入式训练系统的信息交流现状加以改善。

3.4.2　信息数据压缩技术

一般而言,在机载嵌入式训练系统中,所涉及的信息量十分庞大,尤其是在态势相关各类信息的传输过程中,传输量也十分惊人。由于受到节点资源自身的限制,数据信息的交换必须在感知信息技术的支持下,才能有效地完成数据的交换效果,最后完成数据的传递任务。据此可知,数据压缩技术的应用,就是通过将数据自身的传递负荷进行有效降低,实现数据传输更具快捷性和有效性的传递目标。该种方法的运用,在数据节点问题的处理方面工作效率也比较高,高效降低了数据交互期间的问题发生概率。

3.4.3 信息数据交互技术

1. 系统与内容交互

从机载嵌入式仿真系统自身的视角而言,是一项能够有效将各类数据和信息之间进行储存的一个空间,同时,不同数据内容的传递和输送也需要在该系统的支撑下才能够得以实现。由此可见,机载嵌入式仿真系统与数据信息内容两者是一种交互的关系,能够充分满足用户个性、多样化的需求。交互具有一种能够充分将感知到的数据信息与已经储存的基础组织信息进行交互融合的作用,然后将存储在机载嵌入式仿真系统中的数据运用全新的规划方式进行重新整合,最终提升信息的传递速率。

2. 操作与内容交互

飞行员在进行机载嵌入式训练的相关操作时,可以充分利用数据传输、实装显示终端和各操纵按钮开关等实现嵌入式训练所需的各种有效的交互信息。例如,飞行员在进行加载想定数据的操作时,显示终端会显示出已经制定的多个想定的名称信息,飞行员可根据实际训练需要,选择不同的想定进行训练。

3. 机载嵌入式仿真系统与实装交互

在信息交互技术的应用过程中,主要是参训飞机实装与机载嵌入式仿真系统两者之间的交互。交互不仅涉及飞机的飞行总线,从飞行总线上采集各种状态数据;还要和飞机的作战总线进行数据交互,读取飞行员的操纵信息和武器解算信息,发送仿真后的机载雷达、机载武器、机载电子对抗等仿真结果信息。该交互过程也是机载嵌入式训练系统应用比较关键的一个环节。机载嵌入式仿真系统与飞机实装之间的交互接口技术相对比较成熟,其关键就在于首先任务机要能够识别端口信息,其次是通过交互接口所传输的数据的格式、传输周期必须严格和实装设备传输时一致,实现嵌入式仿真系统与实装之间在信息交互方面的有效对接。

3.5 关键技术之五:多模型建模技术

机载嵌入式训练系统中建模仿真的粒度并不一致,既有仿真作战过程的战术模型,也有仿真机载雷达、机载武器、机载电子对抗设备等功能级和信号级的模型,因此,机载嵌入式训练系统模型的组成应该是一个复杂多层次模型体系。

这些复杂的多层次模型体系可以简称为“多模型”。显然,多模型是多个独立开发的但描述同一现象(相同战场、相同敌人等)的模型的集成。如何解决多模型间不同语义的理解和综合,是多模型建模的关键。

建模是不需要深入现象本身而对该现象研究的一种方法。模型是对参与某种现象的对象行为和过程的抽象。在某个抽象级别上用来表示对象的个体被称为实体。仿真是一种在计算机上执行模型的技术。建模和仿真通过在一个合适的抽象级别上减少控制因素的数量,提供一个比较经济的可重复研究一个现象的手段和方法。多模型的联合执行能够获得任何独立模型无法获得的综合性语义。建模人员为了研究一个现象的不同方面可能会建立不同的独立模型,这些独立的模型组合在一起就构成了多模型。当多个模型在相同的仿真时间内共同执行并相互交换信息时,称为多模型的联合执行。

到目前为止,能够被人们接受且广泛使用的多模型方法主要有选择性视图(Selective Viewing,SV)、聚合－解聚(Aggregation Disaggregation,AD)、可变分辨率建模(Variable Resolution Modeling,VRM))。

3.5.1　选择性视图 SV 方法

SV 方法的核心思想就是只有最详细的模型才被执行,而其他所有的模型则通过从最详细模型的代表选择信息或视图进行仿真。当在全过程详细地模拟一个现象时,使用 SV 方法是可行的。一个多模型的低分辨率视图产生于最详细的模型。显然,这种方法能接近实时地执行最详细的模型,比较适合于单武器模型和分队模型。

对于机载嵌入式训练系统中,如进行 2 对 2 的编队嵌入式训练,在实际交战过程是每架次飞机的建模型与仿真,但是对于飞机编队而言,无论是其行为还是位置都直接可以用长机的模型代替。从模型分辨率来看,编队的分辨率是低的,而飞机的分辨率的是高的,编队这个低分辨率视图产生于飞机这个高分辨率模型。

3.5.2　聚合－解聚 AD 方法

在多模型中,当一个低分辨率实体(Low Resolation Entity,LRE)(如飞机编队)与一个高分辨率实体(High Resolation Entity,HRE)(如战斗机实体)交互时,能引起交互的矛盾。针对这一问题,提出了一种实用的方法,能够灵活地去改变实体的分辨率,使之能和其他实体分辨率相匹配。这个自动改变称为聚合或解聚。AD 方法确保实体通过强制改变它们的分辨率级别,使之能在相同的分辨率级别上交互。典型的如飞机编队与战斗机交互，飞机编队被解聚成它的要素并在战斗机级别上交互，一个解聚的飞机编队可能被重新聚合以便它能在随后的编队级别进行交互。在 AD 方法中，两个模型中较粗的模型被单独执行。当需要时，较粗的模型如编队模型的执行被挂起，详细模型如战斗机模型被执行。当不需要时，详细模型的执行将被挂起，重新恢复较粗模型的执行。编队相对较粗，执行它将比执行战斗机模型消耗更少的资源。由于当前执行模型在不同时间里发生改变，所以，保持模型之间的一致性比保持语义上的连续性更为重要。然而，在这种方式下保持一致性是困难的。由于在任一给定时间里，只有一个模型被执行，因此，AD 无法包含两个模型的结合语义。目前，常用的聚合－解聚方法有完全解聚、部分解聚、解聚敏感区和伪解聚等。

(1) 完全解聚。完全解聚就是将一个 LRE 完全解聚成它的要素 HRE。在图 3－2 中，当 LRE 与 HRE 交互时，L_1 和 L_2 被解聚。显然，当 LRE 与 HRE 建立关系（如传感器、视线）时即发生完全解聚。完全解聚保证所有的实体在相同的分辨率级别交互。然而，完全解聚通常太武断，尽管只有一些 HRE 组成 LRE 可能被牵涉到特殊的交互，所有的要素 LRE 都将被解聚。而且，完全解聚导致一连串的解聚，当它们之间的任一个与 HRE 交互时将发生 LRE 交互的层层解聚如 L_3 的解聚。在完全解聚中，大量例示的实体可能对系统资源提出很高的要求。因此，完全解聚被限制在小规模的层次模型应用中。

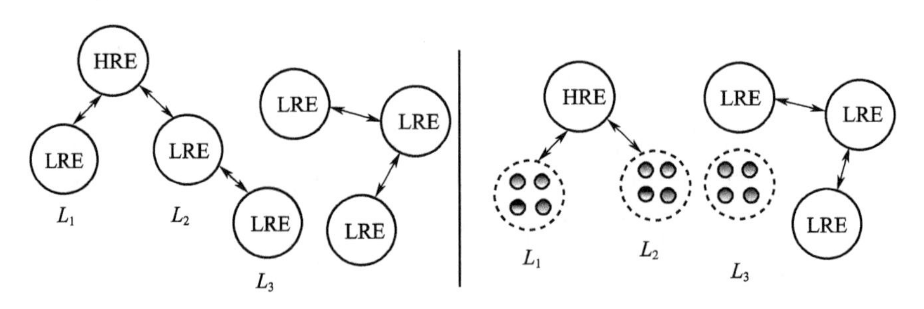

图 3－2　完全解聚

(2) 部分解聚。部分解聚试图通过部分地而不是全部地解聚 LRE 克服完全解聚的局限性。在图 3－3 中，L_2 内部进行了分割，以至于只有 L_2 的一部分被解聚成 HRE 与 L_1 的解聚要素进行交互。L_2 的其余部分作为 LRE 的剩余部分与 L_3 交互。从图 3－3 中可以看出，部分解聚有潜力控制一连串的解聚。这种潜力在于部分解聚的内容如何在 LRE 内部分割，构建分割的标准必须仔细选择，以防部分解聚退化为完全解聚。

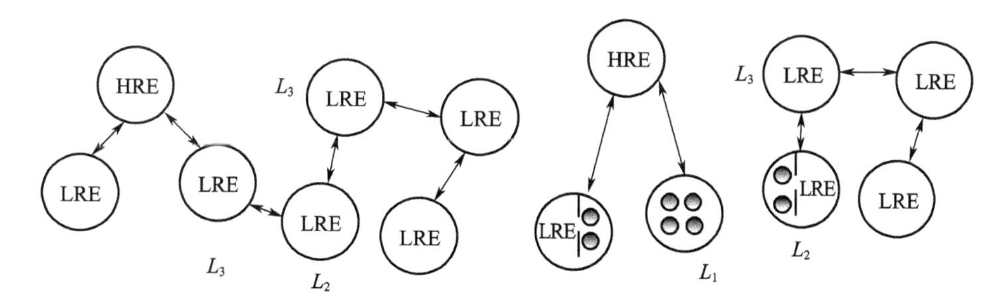

图3-3　部分解聚

(3) 解聚敏感区。在仿真空间概念性地划分一个 HRE 的专用区域,我们将该区域称为解聚敏感区域。当那些外部保持聚合的 LRE 进入该区域内时即被解聚成 HRE。同样,当多个 HRE 离开该区域时,即被聚合成 LRE。尽管解聚敏感区看起来是动态的,但由于位置和边界的确定性,解聚敏感区又是静态的。该方法有几点不足:"解聚敏感区"必须立刻被选中;它们的边界是静态的,这意味着"偏离路线"进入"解聚敏感区"的 LRE,即使不与其内部的其他实体发生交互,也要进行不必要的解聚(例如,在图3-4中,解聚的 L_2 和未解聚的 L_3 之间的交互);根据定义,其内部将没有聚合级仿真。不过,这种方法比较简单,因为只要决定实体有没有穿越边界,就可以确定是否要进行聚合和解聚。

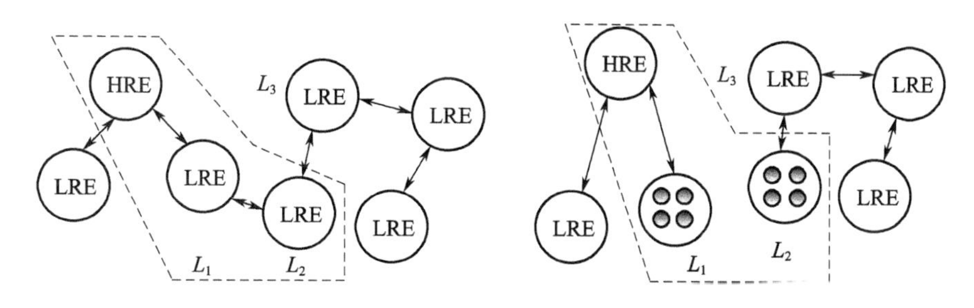

图3-4　解聚敏感区

(4) 伪解聚。考虑这样一种情况,HRE 仅需要 LRE 中各要素的属性但不与它们交互。例如,一架无人机(Unmanned Airborne Vehicle,UAV)在空中拍摄的航空照片,被处理用来获得实体观察的细节。由于 LRE 是一个模型的抽象,在 UAV 图片中,任何 LRE 必须作为它的要素 HRE 进行描述。在这种情况下,解聚 LRE 是浪费的,因为只要求对要素 HRE 的一个理解。在伪解聚中,HRE 从 LRE 收到低分辨率信息,在内部解聚获得高分辨率信息。例如,在图3-5中,UAV 是一个 HRE,假解聚为 L_1 和 L_2。当交互是单向时,如 L_1 和 L_2 并不与

UAV 交互时，伪解聚是能够使用的。如果有要求，UAV 使用算法去局部地解聚 L_1 和 L_2，必须与 L_2 和 L_2 用于解聚它们自己的算法相类似。在模拟中，每个 HRE 必须合并规则去解聚每一个 LRE。

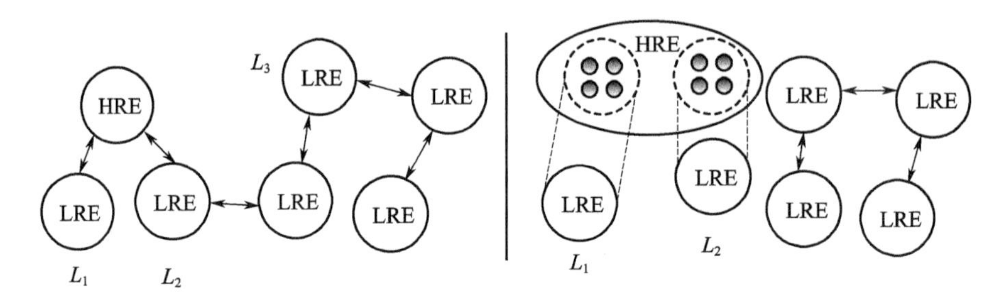

图 3-5 伪解聚

3.5.3 VRM 方法

设计者采用 VRM 方法构建了一个模型家族用来支持分辨率的动态变化。例如，嵌入式训练系统中一个很简单的天气预测模型可能包括季节和地理位置。在较好分辨率的天气预测模型中，可能会包括温度变化、云的类型和风向等因素。在更高的分辨率模型中可能还会包括温度的变化率和范围等。使用可变分辨率模型进行设计实际上使模型的构建变得容易，它能在任何需要的分辨级别上执行。VRM 包括建立可变分辨率级别的方法，而多代理建模（Multi Deputy Modeling，MDM）包括使多个模型的联合执行。对于一个仿真来说，两种思想的合并是可能的。例如，在一个多分辨率仿真中，各种聚合层和解聚层的实体可相互交互，用户可在仿真过程中改变分辨率。对于这种变化能力有两个方面：一是在实体之间进行交互，这是我们所关注的焦点；二是分辨率的仿真方法，当聚合层实体与解聚层实体交互时，就产生了我们所关心的问题。当训练过程中，地面控制人员想在可变分辨率状态下观察如空战的现象时，就产生了多分辨率的仿真问题。模型的设计者可通过一个高分辨率子程序和低分辨率子程序分别描述战斗机的动作，那么，战斗机的动作就是一个 VRM 过程。但战斗机与其他战斗机或编队的交互是一个 MDM 问题。

因为在多分辨率级别的处理有可能需要多重的描述，所以 VRM 与 MDM 是有关联的。许多 VRM 研究者赞成多分辨率的存在。然而，在 VRM 中，用户希望执行期间在模型之间转换而不是并行执行多个模型。对于多模型来说，层次分辨率级别之间的关系，是通过映射函数在多个模型之间转换属性，VRM 是对 MDM 不足的补偿。

3.6　关键技术之六:LVC 仿真建模技术

LVC 理念是由美军率先提出。其目的是整合指挥控制系统、仿真系统、基础通信设施等各种信息化资源,力求将原有的作战实验室、训练基地、试验靶场连接起来,通过将不同层次、不同类型、不同应用方面的指挥控制系统、激光交战系统、模拟器、构造仿真系统进行互联、构建能够支持军事训练、作战分析、装备采办多种军事应用需求的一体化综合性仿真体系,打造“战、训、研”一体化的联合仿真环境。

机载嵌入式训练系统将实装、指挥系统与模拟器相连,其实现过程中不仅涉及机载雷达仿真、机载武器仿真、机载电子对抗设备仿真、虚拟智能对手仿真,而且涉及参训实装飞机、地面指挥所等实装系统,是典型的 LVC 环境。LVC 的核心理念包括以下几个方面。

3.6.1　不同层次仿真系统之间的联合

按照不同层次进行仿真,仿真系统可以划分为工程级仿真、交战级仿真、任务级仿真和战役级仿真。不同层次仿真系统面对不同的使用对象,具有不同的建模粒度。工程级仿真多是面向工程应用、武器研制,一般到物理信号、系统工作原理级的建模粒度;交战级仿真多事面向单兵单装的战术技能和装备操作技能训练,一般到单兵、单装、系统级的建模粒度;任务级仿真多是面向各军兵种战斗行动的战术训练,一般到连、排、单机的建模粒度;战役级仿真多是面向联合或联合作战行动的战役指挥训练,一般到师、旅、团、飞行编队的建模粒度。

现代战争是体系与体系的对抗。一体化联合作战逐渐成为战争的基本样式,平台作战、体系支撑、战术行动、战略保障已成为现代战争的显著特点。机载嵌入式训练系统不仅能对飞行员提供对飞机使用的技能训练,而且通过 1 对 1、2 对 2 以及合同战术级等对抗实现对飞行员的战术训练。因此,单一层次的仿真系统难以兼顾不同层次级别要求,需要 LVC 从纵向上打破这些不同层次仿真系统之间的隔阂,将这些不同层次之间的仿真系统互联起来,支撑跨层次的综合训练。

3.6.2　不同部门仿真系统之间的联合

20 世纪 70 年代以来,美军各军兵种根据自身的训练、分析、采办等军事活动应用需求,研制了大量的仿真系统,这些仿真系统往往被限定在某一特点应用领域。目前,联合作战已经成为主要作战样式。为了支撑联合作战,LVC 的目的之一就是要打破横向上不同部门仿真系统之间的隔阂,将这些不同部门之间的仿真系统等联合起来,支持跨部门、跨领域的军事训练。

机载嵌入式训练系统由于飞机及空战本身的复杂性,涉及火控、雷达、机电等多个部门多个领域的系统,因此,必须采用 LVC 技术。

3.6.3 不同手段仿真系统之间的联合

训练的目的是为了实战。模拟训练只有做到环境逼真、对抗逼真、效果逼真,其结果才具有较高的可信度。只有实现准战场化,才能增强模拟训练的对抗性和针对性,确保模拟训练与实战的一致性。

20 世纪 90 年代末以来,美军意识到纯粹的计算机模拟容易造成战训脱节,提出了“像作战一样训练”的要求,开始倡导实兵训练、模拟仿真、推演仿真相结合的 LVC 训练理念,力求通过发挥计算机仿真和实兵训练各自的优点,达到既节省经费开支又能体现实战训练的目的。实兵仿真最贴近实战,但经费昂贵且对环境破坏严重;虚拟仿真、构造仿真能节省经费,虚拟各种场景和不同敌方部队,但没有实兵仿真贴近实战。将不同仿真手段结合起来,可以发挥不同仿真手段的优势,回避劣势,是未来综合性仿真的趋势。此后,美军大力发展 LVC 相关技术标准,提出仿真 C^4ISR 体系结构框架,并制定了 LVC 体系结构发展路线图(LVC Architecture Roadmap,LVCAR)。

LVC 就是要强调打通不同系统之间的联系,使得不同手段的实兵仿真系统、虚拟仿真系统和构造仿真系统能联合运行,发挥各自的优势,共同支持面向实战的综合性训练。

机载嵌入式训练系统在实现过程中不仅涉及模拟器类仿真,还涉及计算机生成的兵力等虚拟仿真,是典型的 LVC。

对于 LVC 相关技术,其主要核心包括互连标准规范、互连模式、互连工程 3 个方面,而美军作为 LVC 理念的提出者已经在这三个领域取得了一些成果。

(1) 互连标准规范。互连标准规范方面,美军先后制定了一系列的联合仿真标准规范,主要包括分布式交互仿真(Distributed Interactive Simulation, DIS)、聚合级仿真协议(Aggregation Level Simulation Protocol,ALSP)、高层体系结构(High - Level Architecture,HLA)、试验与训练使能体系结构(Test and Training Enabling Architecture,TENA)、公共训练体系结构(Common Training Architecture,CTA)等。这是美军在不同的时期,针对不同的需求,提出的不同的仿真标准规范。这些标准规范针对不同需求的特点,重点解决不同层面不同类型资源的集成问题。由于这些仿真标准规范均很好地满足所服务领域的需求，因此，它们之间并没有互相取代，而是形成了多种仿真标准规范并存的现状。

（2）互连模式。基于这些标准规范，将不同的仿真系统联合起来共同运行，组建综合训练环境，同时保证多系统联合运行时序逻辑合理和运行高效，需要合理的体系结构作支撑。目前，多系统互连的体系结构主要有基于 DIS 或 HLA 的单联邦体系结构、基于 DIS 或 HLA 的多联邦互连体系结构、基于 TENA 的体系结构和多种技术体系结构。其中，多种技术体系结构是应用最快捷的方式，这种体系结构的思路是尽量保持原有系统的协议和标准，通过公共数据对象、网关、桥等实现不同模拟系统之间的数据交换和时间同步，保证数据的一致和运行逻辑的合理性。它的特点是具有良好的可扩展性和灵活性。

从目前 LVC 建设发展的趋势来看，采用开发的系统体系结构，保留原系统的协议和标准，将成为未来 LVC 的主要系统体系结构样式。机载嵌入式训练系统的建设也主要采用多种技术体系结构。

（3）互连工程。美军的 LVCAR 研究发现，即使采用多种技术体系结构将多体系结构仿真系统集成，仍然存在一个关键问题：各个系统的独立开发过程的差异对系统的有效集成产生的障碍。也就是说，各个系统在开发时就必须朝着共同的目标进行合作，否则，每个开发团队通常使用的惯例和程序中的差异会在各个系统之间造成误会、误解和混乱。因此，面向 LVC 的系统工程 DSEEP 应运而生。虽然，对于已经设计定型的飞机加改装机载嵌入式训练系统这并不适合，但对于新机却是具有重要意义的。DSEEP 是一个公认的 IEEE 标准，DSEEP 覆盖也将在 IEEE 之下进行标准化。

除了在核心技术方面进行深入研究外，在实际应用领域美军也一直引领着潮流。比较有代表性的如代表训练领域多层次不同分辨率的联合仿真系统联合分辨率模型（Joint Multi - Resolution Model，JMRM），代表训练领域各军兵种不同类型仿真系统之间的联合仿真系统联合实兵、虚拟、构造仿真联邦（Joint Live Virtual and Contructive Federation，JLVC），代表武器装备试验领域不同类型系统之间的联合仿真系统联合任务环境试验能力（Joint Mission Environment Test Capability，JMETC）。

除以上已经取得的成果来看，LVC 技术还将向以下几个方向发展。

（1）引入新的系统工程理论方法。美军认为，建立系统工程是保证大型复杂系统建设的关键活动，在构建 LVC 训练环境上需要确定一组以时间为序的举措和活动，用以提高 LVC 互操作能力，并降低与多体系结构仿真环境开发相关技术和成本风险，同时加强多体系结构开发期间各部门之间的交流与协作。

(2) 探索新型体系结构。目前,为了适应不同技术体系下的多模拟系统互连,在体系架构的设计上已经将模型驱动架构、嵌入式、面向服务的体系结构等概念引入该领域。由于体系架构的设计与应用需求、各组采用的技术体系、通用中间件技术以及公共数据模型等都有很大的关系,原有的技术体系下的体系结构就需要进行新的调整。

(3) 制定公共对象数据模型。公共对象数据模型目前的研究主要多集中在语法层次,对于语义层次的组合还需要进行专门研究,以实现不同系统之间更高层次的数据相互认识、理解和互操作。

3.7 关键技术之七:训练评估技术

嵌入式训练成绩评估是运用系统方法对训练过程及人员表现做出准确的评价与判断,是整个训练的最重要环节,直接影响到战术对抗训练效果的提升。嵌入式训练的评估主要是根据任务目的、训练过程中的记录数据和基于效果的评估模型对训练进行打分评价。评估技术的主要研究重点是制定科学的评估指标,能够根据任务要求、训练过程中的各项记录数据和效能评估模型对训练效果进行打分评价。运用系统的方法和辩证的思想进行全面整体的评估,并不断应用智能技术实现评估和反馈功能的智能化。由于战术对抗活动的极其复杂性,战术对抗训练评估虽然已经开展了不少的研究,但由于评估问题本身的极其复杂性以及受研究者评估方法理论基础的限制,合理、有效、实用并能真正达到评估目的的并不多,目前的训练评估大多针对对抗结果进行评估,对训练过程的评估基本还采用定性的评估为主,还达不到练一次提高一次、以评促训的目的。要建立能直接反映训练好坏的、合理的评估模块就必须对系统评估体系的设定方法、指标的规范化处理方法以及常用的评估方法有所了解。

3.7.1 训练评估体系设计

在分析较复杂的系统时,往往需要将这些系统按照一定的原则进行分解细化,将复杂问题剥离化为多个简单的问题,将一个大的问题分解为若干小问题进行研究。

嵌入式训练评估把受训人员当作一个研究对象,评估指标、评估权重、评估方法均按照系统最优的原则进行运作,是对受训人员水平的认知活动。嵌入式训练评估是很复杂的认知活动,之所以复杂是因为评估过程受到很多因素的影响和制约。要想获得公正客观的评估结果,需要深入研究影响受训人员能力的要素、按照系统评估流程完成评估过程。一般的系统评估流程如图 3－6 所示，由流程图可知，评估系统的几个要素是：设置评估指标体系，确定各层指标权重，设定各项指标的评分模型。

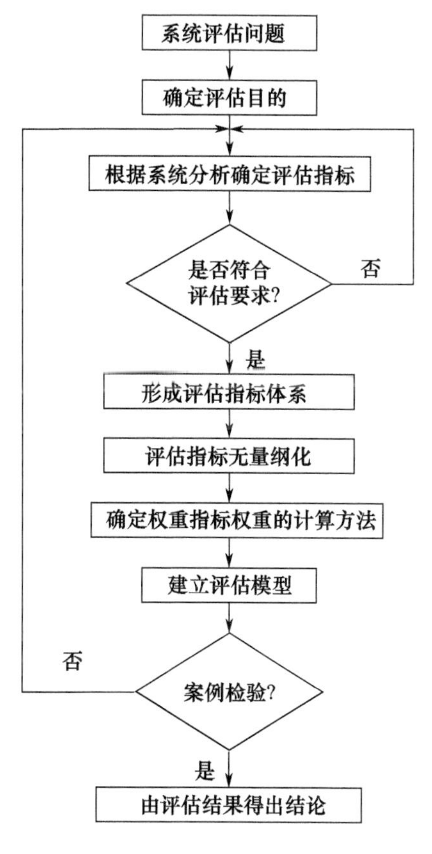

图 3－6　评估流程图

嵌入式训练评估的重点是在充分收集和利用已有数据资料的基础上，采用合理的分析方法，研究评估对象的目标、功能，从而制定出被评估对象的评估指标。评估体系的设计应遵循上述流程，严格按照步骤要求，依次对各个流程步骤进行实现，完成对系统的最终设计。在已经确定了系统所要解决的评估问题，明确了以评价受训人员水平为目的的情况下，需对评估指标、指标权重分配方法和评估方法进行研究，当将评估系统的这几个要素确定好之后，需要通过实际的案例检验。如果检验通过，则表明该评估系统是行之有效的；否则，还要重新研究该系统，分析系统要素，重新设定各个评估要素，直到设计的评估方案可以通过案例检验为止。

3.7.2 训练评估指标体系

嵌入式训练评估指标体系建立是评估中的核心技术问题,其主要包括评估指标建立、指标的一致化处理和无量纲处理。

1) 评估指标建立

嵌入式训练评估涉及多知识领域,同时涉及大量的数据信息。要想提高系统的评估效率就必须得到大量有效信息,因此催生了评估指标的选取标准。指标是衡量受训人员水平的度量,指标体系是项目综合评估受训人员水平的系统框架,是从训练项目总目标或者一系列目标出发,逐级发展子层目标,最终确定各专项指标。

其特点包含以下几点:其一,每一项子层指标都保持着与上一级指标或者总指标的内容一致性;其二,各级子层指标的数量应适当,不宜设置过多或过少,要形成便于把握、结构紧凑的体系;其三,同一级子层指标之间的地位和权重是不相同的。对于具体的训练科目有不同的评估指标,为了从整体上综合反映受训人员训练水平,总体指标体系的选择应遵循如下原则。

(1) 科学性原则。训练评估指标的选取必须建立在科学的基础上,遵循科学合理的原则。指标要经得起实际模型的检验,客观真实地反映受训人员水平,反映训练结果与训练目标之间的真实关系,反映出施训人员的客观评价,要与客观事实与人们的常识观念相符合。

(2) 完备性原则。指标的选取应能全面覆盖受训人员受训范围,若指标的选取过少,则不能正确评价受训人员水准,对其可能犯的操作错误无法全面识别,这对受训人员水平成长是十分不利的。

(3) 互斥性原则。指标体系是由多个具有紧密联系的单个指标有机组合形成,而不是多个指标的简单堆叠。指标两两之间应该是互斥的,同层指标之间不能出现的信息涵盖和包容。各个指标之间应该相互独立、互不依赖,从而形成一个信息完备的整体。对同一个评估目标不能设置多个评估指标,否则,可能会出现重复扣分的现象,这种评估是有违常理的,各个指标之间应该能够有机结合起来。

(4) 层次性原则。影响受训人员水平的因素有很多,这些因素占据着不同的层次和权重指标。因此,在确定评估指标时要按照分层分析法,将系统进行总体分析后进一步在各个层次、不同部分进行分析,从系统宏观方向到微观方向逐层深入,体现出各个评估指标层次之间的逻辑关联。

对于同一个评估项目,不同的人往往会有不同的评价,即使同一个人处在不同的环境中对于同一评估对象的评价也会发生变化。这主要是评估的标准即评估指标不同导致的差异,因此,对系统建立一套适用的评估指标是非常重要的。

2）指标的一致性处理

评估指标体系建立后,需要注意对评估指标进行类型的一致化处理,指标体系中有些指标是正向指标而有些指标是逆向指标。性质不同的指标混合在一起不加以处理的话难以保证指标之间的可比性。评估过程中评估指标通常分为四类,即“极大型”指标、“极小型”指标、“居中型"指标和“区间型”指标。需要通过一致性处理使指标相一致。

3）指标的无量纲化

由于评估指标之间各自量级(即计量指标的数量级)和单位的不同难以进行直接比较,为了避免由于指标的数量级不同和单位不同而引起的不便,排除指标不可比的情况,每一个指标都需要遵循具体的标准和统一的计算方法。对评估对象进行综合评估之前,需要对评估指标作无量纲化处理,使指标达到规范化、标准化要求,把原本不能直接进行数值相加或相乘的指标转化为可进行汇总比较的指标量。解决这类问题时,我们通常采用数学变换的方法,常用的数学变换处理方法有极值处理法和标准化处理方法。

3.7.3 常用评估方法

评估方法根据评估问题的不同已经有多种,其中层次分析法、主成分分析法、模糊综合评估法是几种比较常用的经典方法。

1）层次分析法

层次分析法是一种结合定性分析和定量分析、采用数量形式对人的主观思维判断进行表示、处理的系统分析法。该方法是由美国运筹学家匹茨堡大学教授萨蒂于20世纪70年代初提出的一种综合系统分析方法,利用它来解决层次结构或网络结构的复杂评估系统评估问题。它通过指标成对比较的方式构造出比较判断矩阵,采用求解与最大特征根相应的特征向量的分量作为相应指标权重系数的方法确定所求指标权重。

层次分析法的基本原理是在对复杂的评估问题的本质、影响因素以及内在关系等进行深入分析的基础上,利用较少的定量信息使评估的思维过程数学化,从而为多目标多准则或无结构特性的复杂决策问题提供简便的评估方法。层次分析法是将与评估相关的元素分解成目标、决策和方案等层次,在此基础上进行定量和定性分析。

2）主成分分析法

20世纪30年代,Hotelling提出了主成分分析法,该方法是采用降低系统维度的思想,将繁多的指标简化为几个重要的综合指标的多元化统计分析方法。

主成分分析法的基本原理是在评估指标中涉及多个变量，每个变量都在一定程度上反映了所研究问题的重要性，并且变量之间存在一定的内在关联性，因此，所得的统计信息在一定程度上存在重叠现象。当采用数值统计的方法对有多个变量的问题进行研究时，如果变量数目太多，则数据的计算量和问题分析的复杂度将会大幅度提升。研究者希望在定量分析某个问题时，涉及尽量少的变量，同时收集尽可能多的数据信息。主成分分析法的产生正好满足了研究者的这一要求。为了删除掉信息量携带少的指标变量，该方法把原本存在相关关系的一组指标变量变换成另一组新的变量从而达到方便研究目的。变换的方法是根据新变量方差的大小及其在所有指标变量方差总和所占的比例来舍弃一些指标变量。该方法的实质是损失少量信息达到指标变量数目减少的目的，从而降低系统维度，减少系统分析的计算量。

3）模糊综合评判法

模糊综合评判法是在 1965 年由美国著名控制专家艾登（Eden）创立的。它在模糊数学的基础上，根据隶属度理论把定性问题转化为定量问题进行分析。即采用模糊数学对受到多种因素影响的研究对象或者事物给出一个总体上的评估结论。该方法系统性强，结论清晰，适合模糊的、难以量化的问题，能够很好地解决不确定性问题。

模糊综合评判的实质是依托模糊数学，利用模糊关系合成的原理，量化边界不清晰、不容易定量处理的因素，从多个角度对被评估对象隶属等级状况进行综合评价的方法。模糊综合评判法是模糊数学的具体应用，它的实现主要分为两步：第一步，对每个元素进行评价；第二步，对所有的评估因素进行综合性评价。该方法具有数学模型简单、容易掌握等优点，对多因素多层次的复杂问题进行评价时，效果显著。

第4章　机载嵌入式训练系统的实现

机载嵌入式训练系统不仅包括空中参训飞机，还包括地面保障系统，在这一部分中我们不针对某个机型探讨如何开展详细设计及系统实现，而是泛泛地面向处于不同生命周期（设计初期的、研制定型的、已列装的）的作战飞机，从体系架构入手分析实现路径、实现方式，以及在实现过程中的应该关注的重点问题，例如，在实现过程中需要考虑机载数据总线结构、机载计算机字节序等问题。总体来说，还是以参训飞机为核心来讨论机载嵌入式训练系统的实现问题。

4.1　机载嵌入式训练系统的实现方式

机载嵌入式训练系统的实现方式主要涉及两个问题：一是以参训飞机为核心，嵌入式训练系统与参训飞机的物理结构关系；二是虚拟战场环境数据以什么样的方式进入机载作战任务系统中。下面从物理拓扑结构和虚拟战场环境嵌入方式两个方面进行讨论。

4.1.1　物理拓扑结构

按照嵌入式训练系统与参训飞机物理结构关系，以及训练功能在参训飞机中嵌入的程度，嵌入式可分为完全嵌入式、附加式和数据链路式3种方式。

1. 完全嵌入式

完全嵌入式也称为集成式或者融入式，是将仿真系统的体系结构和所有的训练功能完全集成到武器装备内部，一般它不需要有专门的处理、显示和控制器，它要利用实装的硬件设备及处理软件，并需对相关分系统的硬件和软件进行更改。

这种方式是物理结构和功能的完全嵌入，嵌入式仿真系统与参训飞机的其他机载系统融为一体，实现了仿真系统和实装的高度融合。嵌入式仿真系统本身作为机载航电系统的一部分（远程终端），这种方式一般是将嵌入式仿真系统的仿真组件、外部通信等完全集成到参训飞机的任务系统之中，嵌入式仿真系统所有的训练功能与参训飞机任务系统、显示系统一体化，其他作战任务系统均有嵌入式训练所需接口，具有嵌入式训练模式，通过系统的“作战/训练”运行模式的转换完成功能的切换。一般它不需要有专门的处理、显示和控制器，而是将嵌入式训练所需的运算、显示、控制等功能分散到其他系统的计算机处理器中完成，嵌入式训练所需的运行控制由专门的外场可更换单元（Line Replaceable Unit，LRU）完成。对于已定型飞机，需要利用额外的硬件设备及处理软件，并需对与其交互的相关分系统的硬件设备和软件功能进行更改；对于在研飞机则需要在设计之初就要考虑嵌入式训练系统的硬件和软件资源与飞机其他系统的一体化设计问题。

不同型号的飞机的结构不尽相同，但它的原理是基本一致的，我们以一个最有代表性的飞机结构为例进行说明，图 4－1 中只给出了与嵌入式仿真相关的分系统和它们的结构关系。完全嵌入式结构不需要另外添加外部设备，而是在现有的软硬件环境下进行改造。首先要在飞机的多功能显示器上增加嵌入式训练的飞行员操作程序（Pilot Operating Procedures，POP）控制画面，然后在总线控制管理计算机（Bus Control Management Computer，BCMP）中增加嵌入式仿真训练模块，在其他相关分系统中增加嵌入式仿真训练模式。嵌入式训练仿真系统的主体就安装 BCMP 的嵌入式仿真模块中，而在任务管理计算机（Management Computer，MC）的嵌入式仿真模式主要是完成训练模式的切换。飞行员通过 POP 界面控制进入嵌入式训练模式，BCMP 通过内部的嵌入式仿真模块仿真生成各种目标、雷达、武器和电子对抗信息，然后将仿真的雷达、武器和电子对

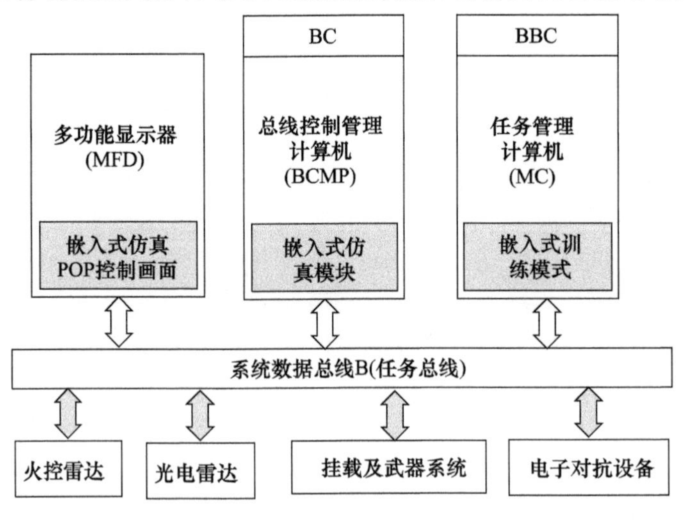

图 4－1　完全嵌入式结构实现方式

抗信息通过总线发送给 MC，嵌入式训练模式下的 MC 不再接收真实的武器装备信息，从而从指定的端口地址接收仿真的信息（用仿真信息代替真实装备信息，数据信息格式一致）去进行任务解算，解算后的信息在各个显示终端进行相应的显示。

从飞机的完全嵌入式结构图 4－1 可以看出，完全嵌入式没有另外增加硬件设备，所以硬件成本低，而且仿真系统完全集成到实装中，实现了虚拟训练场景与原机系统的高度融合，其优点集中体现为系统集成度高、可靠性好、训练逼真，可以实现 Any Where/AnyTime 训练能力，指挥员和飞行员根据需要可在飞行过程中随时启动嵌入式训练模式，避免附加式和数据链路式所需对设备的地面准备和协调工作。但是涉及更改的分系统较多，几乎相关的分系统都需要进行更改，而且仿真系统的研制需要与实装的研制同步。完全嵌入式优点明显，缺点也非常突出，即研制周期长，设计难度和风险高，在飞机研制初期就需要设计好嵌入式训练系统的实现框架，和飞机装备进行一体化研制。这种方式对于在研的武器装备比较适用，在武器设计时就考虑了嵌入式训练的功能，已经预留了嵌入式训练的程序接口。这种方式对于已定型的装备则需要对武器装备进行全面改造，增加了设计难度和设计风险，因此，对于已定型的装备该方法不太适用，主要原因在于嵌入式仿真系统与载机系统综合程度高，对现役装备的机载系统需要进行大量的改进，同时需要载机任务系统具备很强的计算和存储能力，并且具备多任务处理能力和高任务可靠性。美军的 F－35 嵌入式训练就采用了完全嵌入式的结构，在飞机系统设计时已经将嵌入式训练功能考虑进去了，从而能够共用飞机的计算机硬件设备，并预留了软件的功能接口。避免了附加式结构占用额外的武器外挂或在机舱内安装额外的硬件设备，破坏 F－35 飞机隐身性能和可靠性。

2. 附加式

附加式也称为独立式，是将嵌入式仿真系统作为额外的部件（既有硬件又有软件）安装在武器装备之上，通过接口装置与参训飞机的飞行和作战总线连接实现训练功能。额外增加的部件是完全独立的子系统，以 LRU 的形式实现，它有自己的处理器、存储器和控制器等硬件设备，软件有仿真控制、地形数据、图像生成、各类仿真模型及安全监控等软件组成。这种方式实现了训练功能的嵌入，而物理结构是完全独立的。

飞机附加式结构是在保持原有航电系统构型不变的情况下，以增加额外部件的形式来实现，如图 4－2 所示。嵌入式仿真系统作为任务总线上的多个远程终端（Remote Terminal，RT）与其他航电系统交联，它们之间是通过总线接口进行数据交互。这种方式同样要在飞机的多功能显示器上增加 POP 的控制画面，并需对 BCMP 和 MC 的接口进行改造（能够识别端口并接收仿真数据代替真实设备数据）。飞行员通过 POP 界面控制进入嵌入式训练模式，嵌入式仿真系统通过与飞机的交互仿真生成想定环境下的目标、雷达、武器和电子对抗信息，并用仿真的雷达、武器和电子对抗设备等数据代替真实的雷达、武器和电子对抗设备数据，MC 解算后将信息显示在各个显示终端，飞行员通过显示终端提供的信息完成嵌入式战术对抗训练。

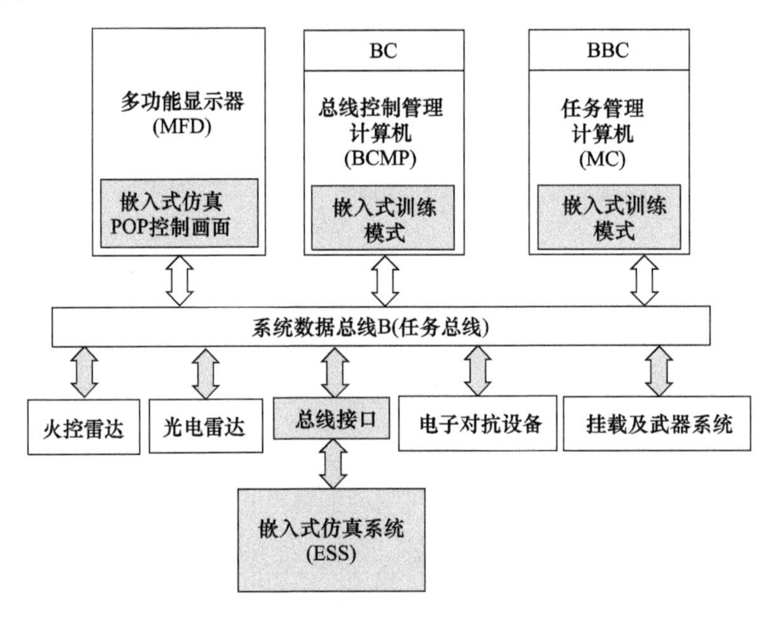

图 4－2　附加式结构实现方式

附加式的优点是嵌入式仿真系统相对独立，受飞机本身限制因素少，在实现时结合现有飞机特点，如飞机平台的适应性、接口控制和航电系统架构等，通过合理设计，对现有的机型进行升级改造，即可满足嵌入式训练的要求。因为对装备的改动较小，且与参训飞机实装的接口少，因而开发设计难度小。与武器装备的接口少，只需要一个总线接口就可以完成交互；对装备的改动较小；由于物理结构的特殊性，在训练需要时可以临时安装到参训飞机上，不需要时则可以移除，类似于现有战斗机的其他功能训练吊舱，嵌入式仿真系统的采购、维修费用低，可方便地完成在飞机上的安装和拆卸，而且同型号的不同作战飞机均可使用同一台系统进行训练，具有一定的通用性。但与完全嵌入式相比，附加式在研制难度、采购维修费用等方面具有明显的优势，但保障维修难度加大，作战与训练转换时间长。此种方式常用于已定型的装备。美军为 F－16 战斗机开发的电子战嵌入式训练吊舱，就采用的是附加式的方法，在飞行中能够产生雷达告警接收机虚拟信号,然后通过接口进入飞机的航电系统。意大利马基公司、伽利略航电公司、以色列 BVR 公司共同开发的用于 M－346 高级教练机的“嵌入式模拟训练系统”,也采用了附加式结构,它是采用 EVA(嵌入式虚拟航电)卡,该卡硬件由一个单板 CPU、一些存储及控制器等组成,计算机软件包括一套虚拟航电系统、虚拟多功能雷达、虚拟电子战系统以及虚拟武器和地形数据库等组成,EVA 卡可以快速地插入飞机的航电系统,它与飞机的任务管理计算机符号发生器结合在一起来完成嵌入式仿真训练功能。

3. 数据链路式

数据链路式,是采用实际装备、仿真训练控制台及相关的数据链等构成一个仿真回路来完成训练。嵌入式仿真系统就安装在仿真训练控制台上,仿真训练控制台一般与地面保障系统一起位于地面。

在附加式和完全嵌入式中,大部分仿真功能是依靠安装或嵌入到参训飞机里的嵌入式仿真系统完成的,包括虚拟智能对手、机载武器、机载雷达、机载电子对抗等仿真以及交战过程解算、战场环境模拟等。但是在数据链路式中,与嵌入式训练相关的仿真计算是在地面完成的,通过数据链将空中参训飞机的状态数据和飞行员操控指令下传给地面仿真控制台,在地面完成参训飞机和虚拟智能对手的交互仿真,然后通过数据链将作战态势信息发送给空中的参训飞机,以参训飞机的各显示终端显示图形的方式或通过语音告警装置产生语音告警的形式,实时呈现给飞行员(呈现样式与实战时完全一致),飞行员依靠各个显示终端的态势信息和语音告警信息完成虚拟对抗任务。这种方式的嵌入式仿真训练由实际装备、地面仿真控制台及相关的数据链等构成,地面仿真控制台是整个嵌入式训练的核心,数据链是地面仿真控制台和空中飞机的信息交换通道。

采用数据链路式时,在开展训练过程中,通过多功能显示器控制飞机进入嵌入式训练模式,挂在作战任务总线上的接口处理单元实时采集飞机状态和飞行员操控指令,并通过数据链下传到仿真训练控制台,位于地面的仿真训练控制台对虚拟目标、机载传感器和武器进行仿真,然后将仿真后的结果信息上传到参训飞机上,完成显示控制,飞行员根据态势信息完成虚拟作战任务。

飞机数据链路式结构是在保持原有航电系统构型不变的情况下,对数据链的接口改造来实现,如图 4－3 所示。这种方式同样要在飞机的多功能显示器上增加嵌入式训练的 POP 控制画面,并需对总线控制管理计算机 BCMP 和任务管理机 MC 的接口进行改造,使得 MC 能够识别数据链路(通过数据链或数传电台传输)传入的仿真数据信息。飞行员通过 POP 控制界面进入嵌入式训练模式,此时,可以接收数据链路传入仿真数据,同时,要将飞机的状态数据和飞行员的操控指令通过数据链传输到地面的仿真训练控制台，仿真训练控制台通过仿真生成想定环境下的目标、雷达、电子对抗以及武器信息，其中仿真雷达、电子对抗和武器的信息要通过数据链路传输到参训飞机的作战总线中，由 MC 完成相应的解算后显示在飞机的平显或下显中。

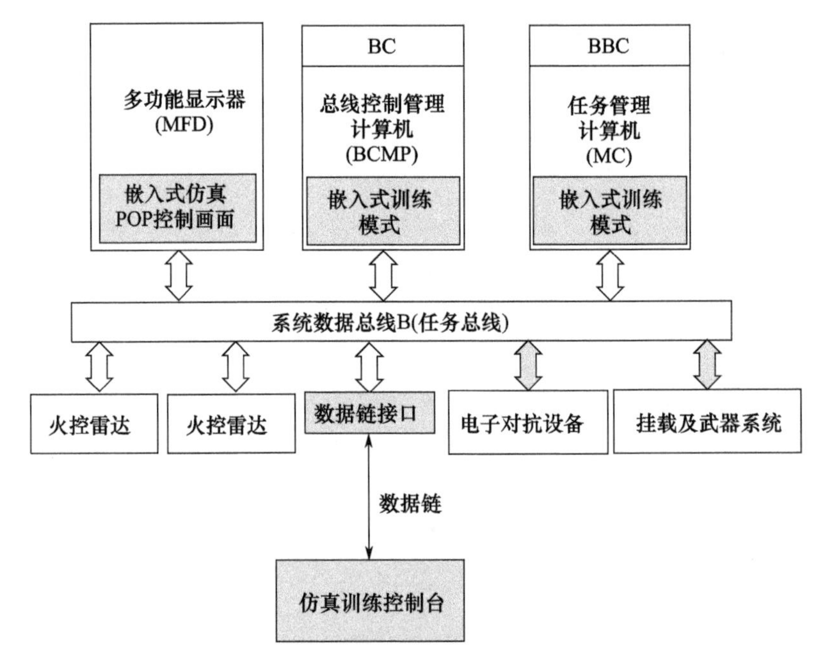

图 4 – 3　数据链路式结构实现方式

数据链路式的优点是仿真系统相对独立，仿真系统大部分功能位于地面仿真训练控制台，相对比较独立，设计开发难度小；对于数据传输链路，可以利用现有的数据链进行改造（不用增加接口），也可以新增其他的数据传输链路，对装备的改动较小，因而设计开发难度小，多成员训练时联网能力强，整体费用小；但在空中参训飞机和地面训练控制台之间传输的数据量较大，依赖性很强，需要实时、大容量、快速、可靠的数据传输链路，对于数据传输链路的可靠性、带宽、传输速率等提出了更高的要求，训练可靠性差。

美国波音公司给美国空军 F – 15E 和海军的 F/A – 18E/F 研制的嵌入式仿真训练系统就采用此种方式，它是通过数据链将空中的实际飞机和地面仿真控制台进行联网，首先将空中参训飞机的状态数据和操纵指令通过数据链下传给地面仿真控制台，在地面仿真控制台复现空中参训飞机的态势信息，地面仿真控制台生成“红军”兵力，与复现的空中参训飞机进行对抗，并将对抗后的态势信息通过数据链路上传给空中参训飞机，在参训飞机的各个显示终端实时显示，从而完成与空中的参训飞机进行“实－虚”对抗训练。

综合上述 3 种方式的优缺点选择仿真系统嵌入方式，一般情况包括：针对已经定型或已经装备的战斗机，最好的嵌入实现方式是采用附加式的嵌入方式；对于新研制或尚未定型的战斗机，最好采用完全嵌入的方式；对于数据链路式则要求数据链或数传电台在传输可靠性、传输速率和传输带宽等方面满足嵌入式训练数据传输的要求时，方可采用，如表 4－1 所列。

表 4－1　嵌入式实现方式

实现方式	优点	缺点
完全嵌入式	硬件成本低 集成度高、可靠性好 作战与训练转换方便	涉及更改的分系统较多 研制周期长 设计难度和风险高
附加式	设计难度小 与武器装备的接口少 对装备的改动较小 采购、维修费用低 方便安装和拆卸	保障维修难度大 作战与训练转换时间长
数据链路式	设计难度小 不用增加接口，需改造 对装备的改动较小 多成员训练时联网能力强 整体费用小	需要快速可靠的传输链路 训练可靠性差

4.1.2　虚拟战场环境嵌入

嵌入式训练旨在为飞行员提供真实的操作、训练环境，其核心在于为飞行员构建逼真的虚拟战场环境，包括虚拟的智能对手和虚拟的电磁环境，让飞行员感受到是和真正的对手在交战。飞行员在空中对抗训练过程中主要是通过机载雷达、光电探测装备、雷达告警器、导弹红外/紫外告警等探测设备感知战场环境，并做出相应的战术动作以完成作战任务。虚拟战场环境嵌入方式需要解决仿真的战场信息如何注入参训飞机的航电系统之中。

机载嵌入式训练系统从实现层级上可分为信号级嵌入和数据层嵌入，信号级嵌入是指虚拟战场环境数据信息以原始视频、射频或者中频的方式注入雷达、敌我识别器、雷达告警器、导弹告警器和侦察干扰设备的信号处理机中；数据层嵌入是指虚拟战场环境数据信息，按照雷达、敌我识别器、雷达告警器、导弹告警器和侦察干扰设备的数据输出格式,直接输出到机载作战任务总线上。两者的主要区别在于信号级嵌入只绕过相关探测设备的天线和接收机,其他工作方式与原有系统保持一致,而数据层嵌入完全用软件代替探测设备天线、接收机、信号处理、数据处理机的工作,相比之下信号层嵌入更加逼真,各种干扰信号比较好叠加,但是实现起来比较难度比较大。

1. 数据层直接嵌入

不管是机载雷达还是其他机载光电探测设备、雷达告警以及导弹告警设备,在感知外部战场环境时,无论是主动的还是被动的,都是首先通过天线或者光电感应器接收外部的射频信号和光电信号,然后对信号处理,输出目标的相对载机的方位、距离、俯仰等位置参数,速度、加速度、运动方向等运动参数,供机载任务计算机解算使用,如图 4 – 4 所示。

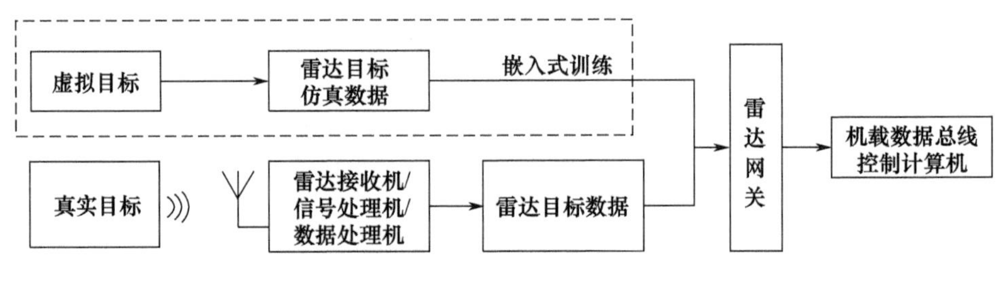

图 4 – 4　数据层嵌入示意图

数据层直接嵌入是指嵌入式仿真系统直接输出目标的相关运动和位置参数信息给机载航电系统,绕开各类探测测量设备的对原始信号的处理过程,对机载雷达而言,嵌入式仿真系统直接输出虚拟目标相对载机的方位、距离、俯仰等位置参数,速度、加速度、运动方向等航迹信息参数,代替数据处理机将目标数据直接发送到飞机作战总线上;对于雷达告警和导弹告警设备,嵌入式仿真系统输出目标的方位信息(具体输出信息要求和格式参照具体机型相关系统要求)。数据层直接嵌入的基本思路是直接输出供系统使用的战术数据,绕开相关探测设备的射频信号接收、信号处理和数据处理部分。这就对嵌入式仿真训练系统仿真数据和模型提出较高要求,要求仿真模型能够较为准确的仿真载机雷达、红外、可见光、雷达告警和导弹告警等设备的工作特性。不同机型所对应的嵌入式仿真系统模型不同,这就导致嵌入式仿真系统必须与机型对应,系统的通用性和互换性比较差。

这种信息嵌入方式的最大好处在于对机载系统硬件进行最小更改的情况下实现嵌入式训练功能,保持飞行员训练操作与实际操作的一致性。但其难以带动机载系统各设备的所有工作环节,在逼真度方面有一定的局限性。

2. 信号层间接嵌入

和嵌入式训练相关的机载设备主要包括机载火控雷达、光电探测设备、红外/雷达告警设备、侦察干扰设备等，其中机载火控雷达是主动探测设备，其余为被动探测设备，这些设备共同的工作原理是接收目标的电磁、红外、光学信号，进行信号处理，然后进行数据处理，得到相关信息。信号层间接嵌入的基本思想是嵌入式仿真系统模拟虚拟智能对手的电磁、红外、光学等信号特性，将这些仿真特性数据通过参训飞机的原有火控雷达探测硬件设备进行视频、射频、中频等信号处理，硬件设备处理后的信息再进入飞机的航电系统之中，如图4－5所示。

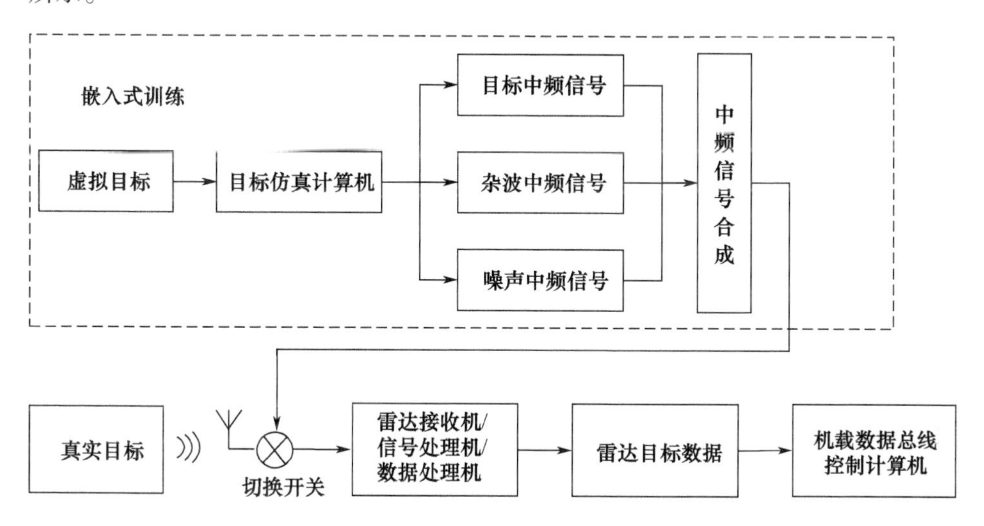

图4－5　信号层嵌入示意图

与数据层直接嵌入方式不同，信号层间接嵌入仅仅绕开了相关探测设备的天线部分，通过嵌入式仿真系统仅仿真产生天线探测到的较为原始的信号，这些原始信号的信号接收、信号处理和数据处理是依靠参训飞机原有的机载探测硬件设备，然后再通过原有设备的处理流程进入飞机航电系统。

这种方式的突出优点是训练逼真度高，可逼真模拟电磁干扰信号，相关机载探测设备的工作特性不用仿真模型去仿真，而是使用原机相关硬件设备，因而，能够激励机载探测设备的大部分分系统处于正常工作状态。优点突出缺陷也非常明显，信号仿真在实现上有一定的难度，对系统处理能力以及实时性都有较高要求。这种方式在嵌入式训练的物理结构上也有要求，它只适合于完全嵌入式这种物理结构，而附加式和数据链路式则不适合，这是因为在信号层嵌入这种方式中需要传送大量的原始信号，数据量和传输实时性要求高，目前的飞机作战总线和数据链传输容量难以满足要求，比较理想的方式是完全嵌入式这种结构，在各型设备的研制之初就要求其具有信号模拟功能，并对外提供控制接口，嵌入式仿真系统根据虚拟目标位置、运动特性设置相应参数，通过控制接口控制视频、射频、中频模拟器产生相应信号。

在信号层间接嵌入中，以机载雷达为例进行分析。对机载雷达来说，信号层嵌入，主要是仿真虚拟目标的雷达回波信号，雷达回波信号仿真根据不同的用途和要求可分为视频、射频和中频仿真。视频仿真所能包含的信息量较少，主要用于系统的联调和训练；射频仿真逼真度高，但实现起来相对比较困难，主要用于雷达的研制、验证和评估；中频仿真既有较高的逼真度，而且在信号产生和处理等方面比较容易实现，可以满足雷达系统论证、设计、试验、评估、训练等全生命周期的需要，具有很高的费效比，因此，在信号层间接嵌入中采用中频模拟是比较适合的，如图 4 –5 所示。

综合上述两种虚拟战场环境嵌入方式的优缺点，一般情况包括：针对已经定型或已经装备的战斗机，适合采用数据层直接嵌入的方式，这样对原战斗机的改动最小，比较容易实现，能够满足嵌入式训练的基本要求；对新研的新型战斗机，在研制初期就要考虑嵌入式训练功能需求，对新研战斗机的各类机载传感器设备设计嵌入式训练的规范接口，从中频信号嵌入虚拟智能对手的雷达回波信号，可逼真仿真复杂电磁环境，实现嵌入式训练与实际作战一致，随时随地开展高逼真度的嵌入式训练。

4.2 机载嵌入式训练系统的实现框架

无论是嵌入式仿真系统采用完全嵌入式、附加式或者数据链路式，还是虚拟战场环境采用信号级间接注入或数据层直接注入，机载嵌入式训练系统主要由地面和空中两部分组成，嵌入式仿真系统可以完全在空中参训飞机端实现，可以完全在地面端实现，也可部分功能在地面端实现，而另外一部分功能在参训飞机端实现。它们之间的不同点仅仅是嵌入式仿真功能的实现位置不同。

总体上，空中部分主要功能是实现飞行员在空中真实飞机上开展嵌入式“实 – 虚”对抗训练功能，因此，核心任务是完成作战与嵌入式训练模式的转换，将嵌入式训练系统产生数据无缝地融入机载作战任务系统之中，使飞行员像完成作战任务一样完成嵌入式训练任务，在飞行员操作程序、实时性等方面嵌入式训练与作战完全一致；地面部分主要功能是完成嵌入式训练的各项保障任务，包括嵌入式训练虚拟战场环境和训练想定的构建、训练策划、训练态势监控、训练过程回放以及训练成绩评估等。

4.2.1　完全嵌入式实现框架

完全嵌入式实现框架如图 4 - 6 所示。嵌入式训练系统由空中和地面两部分组成,嵌入式训练所需的战术解算全部在空中完成,并且是在载机的航电系统作战任务计算机或者相关机载设备中完成,在嵌入式训练模式下利用飞机原有的任务计算机硬件运行嵌入式仿真软件系统完成模拟训练相关解算。因此,完全嵌入式不增加任何独立硬件,如在仿真机载火控雷达对虚拟目标的跟踪探测任务时,如果采用完全嵌入式,这部分解算任务可能是在机载任务处理机中完成,或者是在雷达数据处理机,或者雷达中频模拟器中完成。

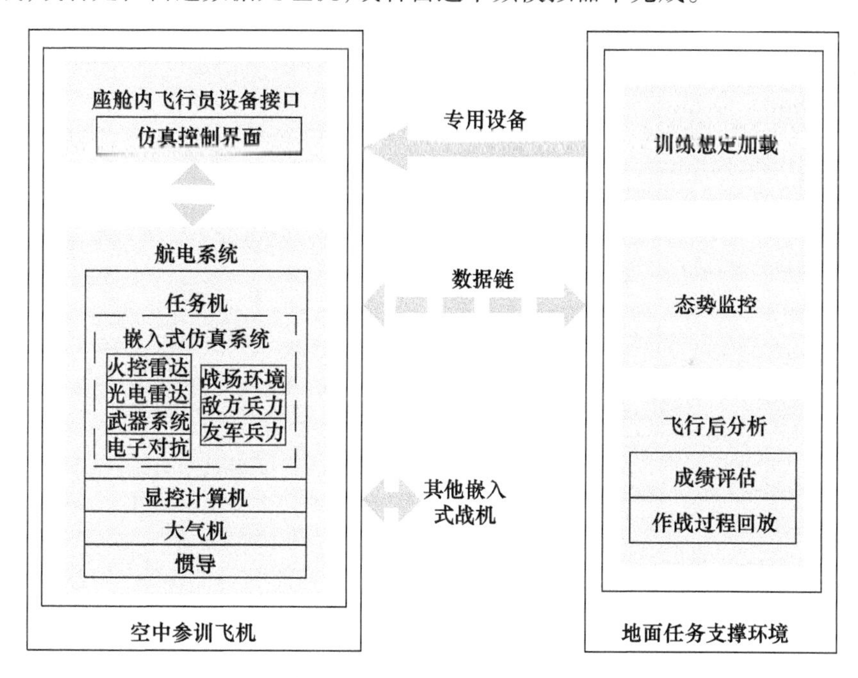

图 4 - 6　完全嵌入式实现框架

嵌入式训练过程中,在地面任务支撑环境只完成训练想定设置、训练态势监控、训练过程回放以及训练后的离线分析评估等辅助功能,在飞行训练前,训练想定在地面训练任务支撑环境中制定完成后,通过专用设备加载到参训飞机,并分发给作战任务计算机完成训练设置可。

在飞行训练过程中,通过数据链或无线数传设备将实装和嵌入式仿真构成的 LVC 仿真态势数据回传给地面任务支撑环境进行实时显示,指挥员对训练对抗态势进行实时掌握,还可通过数据链或无线数传设备将地面干预指令(如在指定位置产生一批新目标）上传给嵌入式仿真系统，从而对训练过程进行人工干预和控制。

飞行训练结束后，通过专用的读卡设备将嵌入式仿真系统中记录的数据下载到地面任务支撑环境，组织参训人员对记录数据进行复盘分析评估。

空中参训飞机与地面任务支撑环境之间，在多机参加的训练过程中参训飞机之间的数据交换一般是通过原机的数据链系统（或专用的数传电台）实现。

4.2.2 附加式实现框架

附加式实现框架如图 4－7 所示，在附加式结构中，嵌入式训练系统主要由空中和地面两部分组成，对于地面部分而言，附加式与完全嵌入式区别不大，地面任务支撑环境部分同样是完成训练想定制作、训练态势监控、训练过程回放和训练后的离线分析评估等。

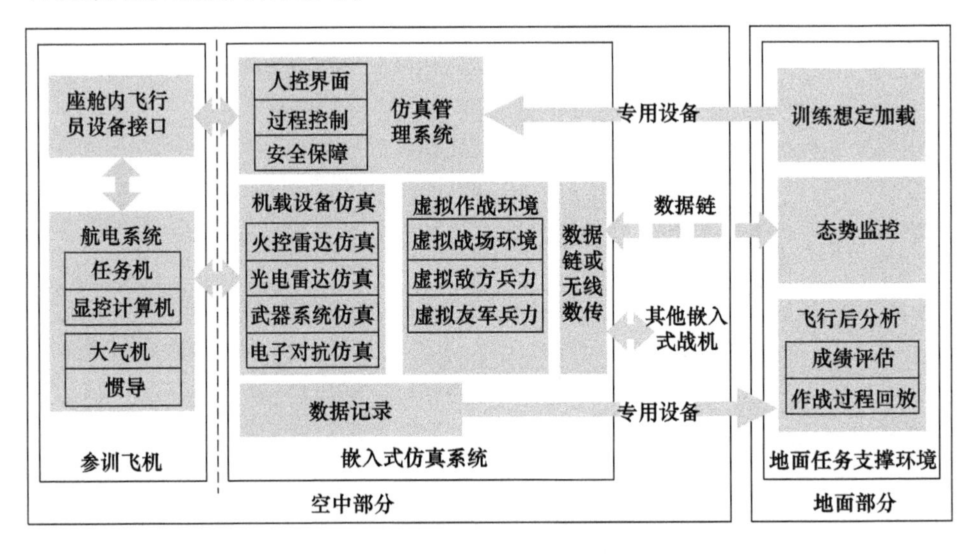

图 4－7　附加式实现框架

空中部分由参训的实装飞机和嵌入式仿真系统两部分组成，嵌入式仿真系统又包括仿真管理系统、机载设备仿真（火控雷达、光电雷达、武器系统以及电子对抗设备的仿真）、虚拟作战环境（包括虚拟战场环境、虚拟敌方兵力和虚拟友军兵力等）以及数据记录等分系统。嵌入式仿真功能是在安装到参训飞机上的嵌入式仿真系统中完成，嵌入式仿真系统既包含仿真软件又包括软件运行所必需的硬件设备（而在完全嵌入式中，嵌入式仿真系统没有单独的硬件，其完成的功能是分散到飞机的任务计算机和其他诸如雷达等机载设备中），可以是将嵌入式仿真系统硬件安装到飞机机舱内，也可以是采用外挂吊舱的方式，通过数据总线接口与参训飞机的作战总线完成数据交互，从而在参训实装飞机与仿真系统之间形成一个闭环仿真回路，嵌入式仿真系统硬件和软件与参训飞机在功能及物理结构上相对独立。

在仿真机载火控雷达对虚拟目标的跟踪探测时，在嵌入式仿真系统专用软硬件完成相关计算中，嵌入式仿真系统根据目前本机飞行姿态数据、雷达工作模式，模拟机载雷达的工作过程，解算敌方、我方虚拟兵力的探测数据，并将探测数据依据雷达的数据格式发送机载任务总线。

机载的嵌入式仿真系统与地面任务支撑环境之间，在多机参加的训练过程中参训飞机之间的数据交换一般是通过嵌入式仿真系统自带的数传电台来实现。

4.2.3　数据链路式实现框架

数据链路式实现框架如图 4 - 8 所示，包括两部分组成：空中参训飞机和地面仿真控制台。它们之间通过数据链路进行传输，地面仿真控制台又包括训练想定制定、态势二三维监控、飞行后分析评估以及嵌入式仿真系统。嵌入式训练的各类仿真都在地面仿真控制台完成，通过数据链路将空中参训飞机的状态数据和操控指令下传给地面仿真控制台的嵌入式仿真系统，由嵌入式仿真系统

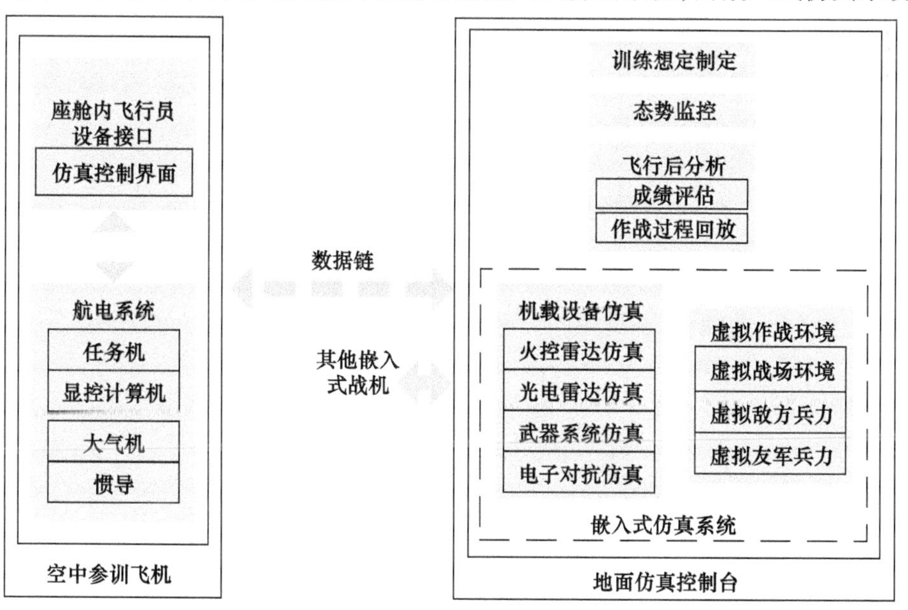

图 4 - 8　数据链路式实现框架

完成对机载设备(火控雷达、光电雷达、武器系统以及电子对抗设备等)以及与虚拟作战环境(包括虚拟战场环境、虚拟敌方兵力和虚拟友军兵力等)的交互仿真,因此,地面仿真控制台是整个嵌入式训练的核心。在数据链路式实现框架中,地面部分所占比例最大,空中参训飞机改动量最小,但是地面仿真控制台与空中参训飞机的数据通信量大,飞机的飞行数据、传感器的工作模式以及飞行员的操作数据都需要实时传送到地面,地面将实时仿真数据发送到飞机上进行显示,数据通信量大,传输速率要求高,因此一般需要专用高速数据链支持。

数据链路式实现框架主要依赖地面仿真控制台,对于实际的参训装备(如各类作战飞机、地面雷达、地面防空系统等)的改装要求较小,只要具备可靠的数据传输链路支撑,能够方便地组织较大规模和范围的嵌入式训练(如合同战术级的嵌入式战术训练),且有利于保持战场态势的时空一致性。

4.2.4 实现框架的各功能模块

综合上述几种实现框架,嵌入式训练系统从功能上应包括嵌入式训练仿真系统、参训飞机和地面任务支撑环境 3 个部分,不同实现框架决定了嵌入式训练仿真系统所处位置不同。例如,在完全嵌入式框架中,嵌入式训练仿真系统和机载任务计算机、各机载设备融为一体,不以单独的硬件存在;在数据链路式中,嵌入式训练仿真系统独立于参训飞机,位于地面,一般与地面任务支撑环境合为一体。本节中不涉及实现方式,从功能上分析参训飞机、嵌入式训练仿真系统和地面任务支撑环境应该具备的功能。

1. 嵌入式训练仿真系统

嵌入式训练仿真系统是整个嵌入式训练系统的核心,主要完成虚拟作战环境仿真、本机各类机载传感器/武器的仿真以及其他仿真管理功能。它不直接与参训飞行员发生交联关系,但是为飞行员构建一个近似真实的虚拟作战环境,嵌入式训练仿真系统根据训练任务需要可仿真各类所需的虚拟智能对手,具备相应型号飞机的机动性能和相应潜在对手的战术特性;可仿真空空及空面各型传感器,如空空雷达、空面雷达、激光雷达、红外前视、光电瞄准吊舱等;可仿真各类武器威胁,如空中威胁(航炮、火箭弹、导弹等)、地面威胁(如地空导弹、火炮等)、海面威胁(如舰基导弹、炮等);可仿真各类作战训练场景,如近距作战、中远距作战、多机编队对抗、空地协同、对地攻击、多军兵种联合作战等场景。

虚拟作战环境主要实现对虚拟敌方兵力、虚拟友军兵力和虚拟战场环境的仿真,包括对训练想定中的友方/敌方飞机、地面雷达、防空导弹、水面舰艇以及电子战等虚拟目标的仿真,这些目标由计算机生成,是具有一定的智能性和真实性的CGF,是计算机软件技术、人工智能和仿真技术相结合的产物。虚拟目标的仿真包括两个部分:物理特性仿真和决策行为仿真。物理特性仿真是指对目标平台本身的仿真,包括操控特性、运动特性、电磁特性、通信、探测设备及武器等固有设备工作特性的仿真;决策行为仿真是对操控这些武器设备的人员的决策行为的仿真,行为仿真是CGF的核心部分,主要包括推理、决策、规划、学习等。行为建模的方法有很多,主要有基于有限状态机(FSM)的行为建模方法、基于规则系统的行为建模方法、基于控制论的行为建模方法和基于Agent、多Agent的行为建模方法。总之,虚拟目标需要借助人工智能系统,根据作战任务进行智能化控制。

在实现过程中,根据空中、地面和海上目标的不同特点,适宜采用不同的决策行为建模方法。对于空中作战来说,地面和海面目标平台机动较小,武器是否发射基于固定的作战规则和程序,决策过程相对确定,随机因素较少,适合采用基于有限状态机和基于规则系统的行为建模方法,对毁伤效果的计算在一定空间范围内可采用概率杀伤的方法。

在空空作战中,尤其是超视距空战具有很强复杂性和开放性,飞行员的决策过程不确定,随机影响因素多。采用基于有限状态机和基于规则系统的行为建模方法不能很好地模拟飞行员在决策、规划等方面的高级智能行为,当前虚拟空中目标决策行为建模研究的热点集中于基于Agent、多Agent的建模思想以及深度学习等,Agent建模核心是模拟人的行为思想过程,从环境中获取信息,通过认知系统处理信息并对外界环境输出动作;深度学习在空战中的应用最具代表性的是在美国空军实验室资助下美国辛辛那提大学研制的阿尔法智能空战系统,该系统采用遗传模糊树算法实现空战智能实时决策。

机载设备仿真模块主要完成对本机各类机载传感器/武器的仿真,包括对机载火控雷达、光电探测设备、雷达告警、导弹告警、电子战设备/吊舱、空空/空地/空面武器仿真,仿真的目标信息、传感器信息、武器信息、威胁信息、虚拟战场态势/场景通过航电系统显示与控制系统进行显控。

仿真管理模块主要实现嵌入式仿真系统的控制以及相关的人机交互设置等功能,包括训练想定的加载和存储管理,通过地面控制系统发送的随机导调指令注入,对战场态势的临机干预等。

数据记录模块主要完成实时记录载机的飞行状态数据、各类机载传感器仿真数据、飞行员操控指令以及机载武器仿真数据、虚拟作战环境、交战数据等各项仿真数据。

数据链或无线数传模块主要实现嵌入式仿真系统与地面训练任务支撑环境之间的无线数传,以及实现编队训练的其他嵌入式仿真系统之间的无线数传,包括训练过程中载机与友机、敌机间,目标/威胁信息、传感器信息、武器信息交互。还可实时将训练过程信息下传至地面,供地面监控和指挥员临机干预。

2. 空中参训飞机

在嵌入式训练中空中参训飞机主要完成飞行操纵、武器设备操纵、战术行为操纵等实装行为以及虚拟智能对手数据的显示反馈以及训练控制等功能。参训飞机包括原机系统与嵌入式训练系统的接口,可能还包括嵌入式训练仿真系统部分功能,在采用附加式时,参训飞机还包括带有嵌入式训练仿真系统的吊舱,在采用完全嵌入式时,包括分布于飞机各功能模块中的嵌入式训练仿真系统各部件。

在嵌入式训练中,参训飞机飞行总线上的飞行姿态数据,任务总线上飞行员操作数据、机载设备工作状态数据,驱动嵌入式训练仿真系统产生的仿真机载武器设备与虚拟智能对手的交互仿真数据,通过作战任务总线将交互的虚拟智能对手的目标信息显示到显示控制分系统中,并且响应飞行员在空中的各种操作控制,从而在实装飞机与嵌入式训练仿真系统之间形成一个闭环仿真回路。

为满足嵌入式训练需求,参训的实装飞机要进行必要的适应性改装,主要目的是用仿真的机载设备(雷达、武器、电子对抗)代替真实的机载设备后,在作战与嵌入式训练之间能够无缝切换,在嵌入式训练模式下,能用参训飞机原有显示控制分系统对仿真的机载武器设备进行显示控制,并在显示内容、操作方式等方面与原机保持一致。

3. 地面任务支撑环境

地面任务支撑环境,主要完成训练想定的制定、训练态势监控和训练后的离线分析评估(包括训练过程回放和成绩评估)等任务。

训练想定制定可设置训练课目,规划各类作战训练场景或剧情,设置虚拟智能对手目标的装备型号及数量,挂载武器,作战战术,性能参数,传感器、武器性能参数设定以及战场环境参数,训练想定在地面任务支撑环境中制定完成后,可通过专用的读写卡设备加载到载机中。

态势监控主要在嵌入式训练过程中,通过数据链或专用无线数传设备实时将参训飞机和嵌入式仿真系统构成的 LVC 仿真态势数据回传给地面任务支撑环境,通过二维实时显示当前兵力情况、战机位置、双方战损情况、战损比等,完整地展现整个战场态势情况,以三维方式和飞行员视角实时显示座舱内各种多功能显示画面以及虚拟战场环境视景,形成对训练对抗态势全方位实时掌握。还可通过数据链、专用无线数传设备或者语音将地面干预指令、引导指令、随机导调指令、仿真控制指令等上传给嵌入式仿真系统或者飞行员,从而对训练过程进行控制。

飞行后分析评估主要是在嵌入式训练完成后,通过专用的读卡设备将嵌入式仿真系统中记录的各种数据下载到地面任务支撑环境,对训练过程进行回放以及进行详细的分析评估。

4.3 机载嵌入式仿真系统设计与交互实现

当针对的是新研战斗机时,则在开发嵌入式训练功能时不需要再另外设计嵌入式训练的硬件设备,而是要将嵌入式训练的软件安装在中央处理计算机(或任务处理计算机)中。当针对的是现役的战斗机时,在改动最小不影响原有系统性能的前提下,开发嵌入式训练功能则需要另外设计嵌入式训练的软硬件设备。

4.3.1 新研战斗机的嵌入式训练功能设计

新研战斗机的嵌入式训练功能实现如图 4 -9 所示。其中灰色的虚线框内为嵌入式训练的软件模块,它直接安装到飞机的中央处理计算机中,实现对虚拟威胁环境以及与本机机载设备的交互仿真。其中显控处理计算机要发送仿真开始的命令给嵌入式训练模块,嵌入式训练模块则读取存储卡中的想定数

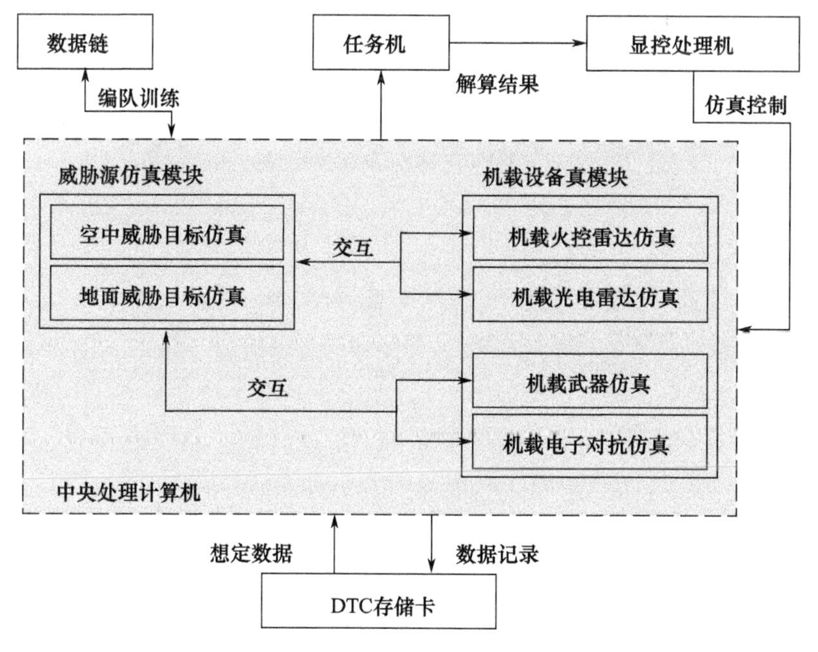

图 4 -9　新研战斗机嵌入式功能设计

据,开始嵌入式仿真;交互仿真结果经任务计算机和显控处理计算机的解算处理后将信息显示在飞机的平显和下显中。在编队嵌入式训练时,嵌入式仿真模块通过飞机的数据链保持编队飞机的仿真信息同步,同时,训练过程中,将各嵌入式训练模块的仿真数据记录在 DTC 存储卡中。

要实现显控处理计算机对嵌入式训练模块的仿真控制,必须在飞机的下显中增加嵌入式训练的控制画面,如图 4－10 所示。通过控制画面,飞行员可以进入嵌入式训练模式,并 DTC 存储卡中的多个训练想定进行选择及相应的参数设置。

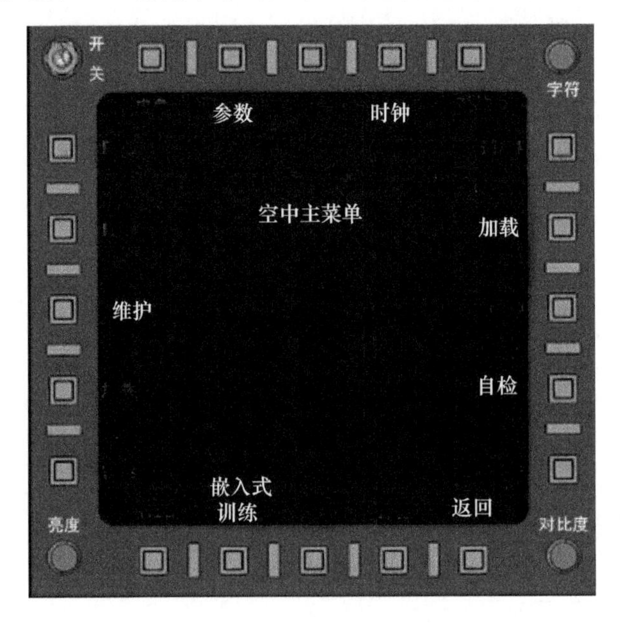

图 4－10　嵌入式训练的控制画面

4.3.2　现役战斗机的嵌入式训练功能加改装

对于现役的战斗机实现嵌入式训练功能,则需要对飞机进行加改装,需要将嵌入式训练的软硬件系统加装在飞机设备舱内,并与飞机航空电子武器系统交联。飞机加装嵌入式训练设备不应影响原机系统的功能性能,也不影响其他训练系统的挂载使用,在功能实现上应对飞机原系统改动最少,在软硬件上做到尽量隔离,避免互相影响,规避风险。因此,需设计数据接口转换设备,用于完成航电系统与嵌入式仿真系统直接数据的传输和转换。这样既保证了飞机航电系统的改动最小、隔离度最高,又提高了嵌入式仿真系统的通用性。

1. 嵌入式设备设计

嵌入式仿真设备硬件由嵌入式仿真计算机、接口处理计算机、总线通信卡、电源板、接口及系统盒组成,如图 4－11 所示。主要完成嵌入式训练需要的仿真计算,包括虚拟威胁环境仿真、机载火控雷达仿真、机载光电雷达仿真、机载导弹武器状态/弹道/毁伤仿真、机载电子对抗仿真、总线数据转换、仿真控制管理等功能,并将处理结果以总线方式发布到飞机作战总线上,同时,该仿真系统在训练过程中完成机载雷达、武器、电子对抗设备类信号级的功能仿真,以达到功能替换机上原有设备。

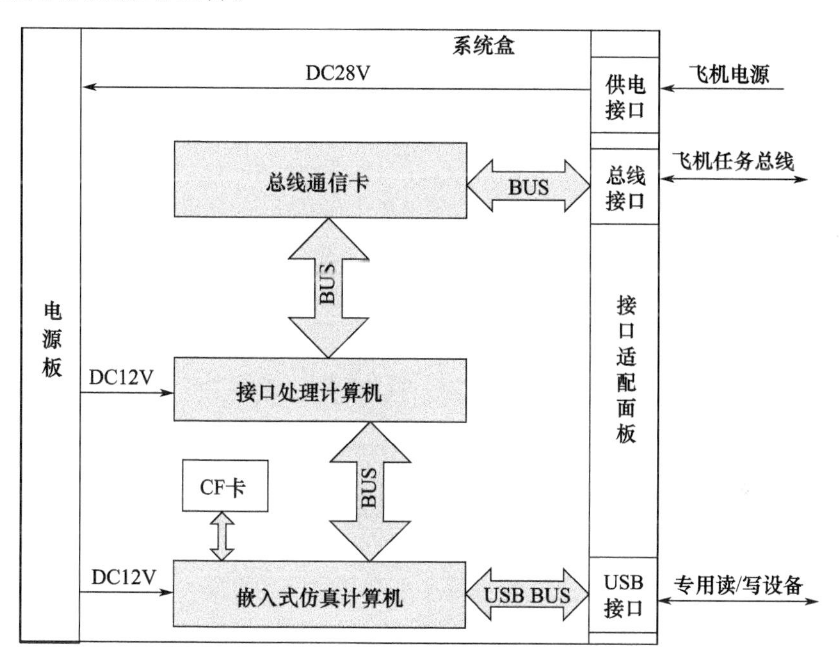

图 4－11　嵌入式训练设备的硬件结构图

（1）嵌入式仿真计算机。嵌入式仿真系统的核心、主体设备,是采用符合航空工业标准的嵌入式计算机,完成与实装的一体化交互仿真功能。

（2）接口处理计算机。完成嵌入式仿真计算机和飞机其他航电系统之间数据的逻辑交互。首先,要完成飞机任务总线数据的采集、打包等本地化处理,使采集数据满足嵌入式仿真的需要,并将数据传输给嵌入式仿真计算机;其次,要将需交互的仿真数据进行格式转化,以多 RT 的形式上传到飞机任务总线,替换飞机上真实的雷达、武器、电子对抗等设备。

（3）总线通信卡。主要完成嵌入式仿真计算机和飞机其他航电系统之间数据交互的硬件实现。

（4）供电接口。飞机给嵌入式仿真系统提供 DC28V 的供电接口。

（5）总线接口。嵌入式仿真系统与飞机任务总线的总线连接接口。

(6) CF 存储卡。用于存储由地面任务支撑环境生成的训练想定数据,同时用于存储训练过程中记录的各种仿真数据。

(7) USB 接口。为读/写 CF 存储卡而提供的满足航空规范的 USB 专用接口。

2. 加改装设备

要将嵌入式训练设备安装在飞机的设备舱中,且设备安装以及设备的运行环境、电磁环境都要符合航空设计要求。当不再需要嵌入式训练设备时,可以方便地进行拆卸,不影响飞机的其他设备性能和设备安全。

对于飞行员的嵌入式训练接口如图 4 - 12 所示,实现嵌入式训练模式的初始化、开始和退出等控制命令。

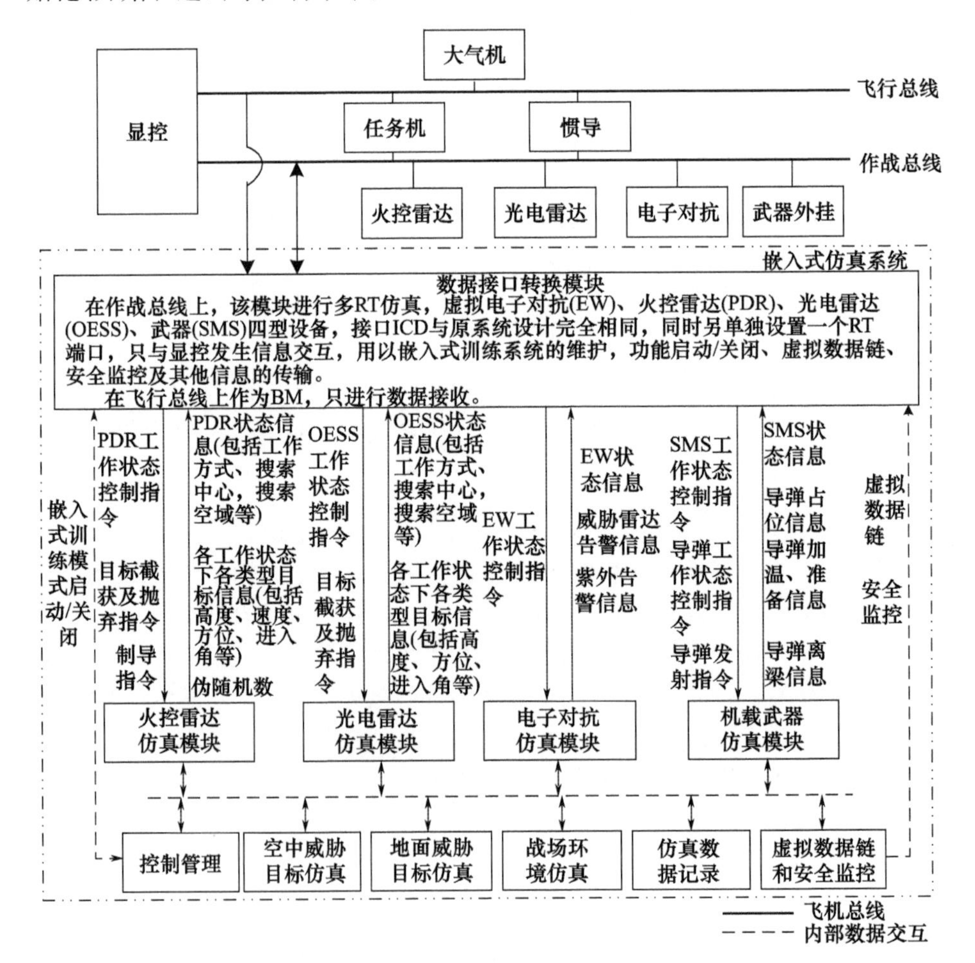

图 4 - 12　嵌入式训练设备的数据交互

对任务机进行相应的改装，以保证任务机能够以多RT形式识别加强的嵌入式训练设备。

对飞机总线增加嵌入式训练设备接口。嵌入式训练设备的各机载设备仿真模块（火控雷达、光电雷达、机载武器、电子对抗），经过数据接口转换模块进行格式转换，并通过总线连入飞机的飞行总线和作战总线，如图4-12所示。在作战总线上，嵌入式仿真系统的机载设备仿真模块作为作战总线上的多RT，既接收作战总线上的数据又要向作战总线注入数据，虚拟电子对抗、虚拟火控雷达、虚拟光电雷达、虚拟武器外挂四型机载设备，接口ICD（接口控制文件）与原系统设计完全相同，这样用虚拟设备替换真实设备后，对于任务机和显控机而言没有差别。同时，单独设置一个RT端口，只与显控发生信息交互，用以嵌入式训练系统的维护，功能启动/关闭、虚拟数据链、安全告警及其他信息的传输。嵌入式仿真系统在飞行总线上作为BM，只进行数据接收。

4.4　机载嵌入式仿真系统实现软硬件环境

机载嵌入式训练系统无论采用哪种物理结构，以及在机上软件开发工作量大小，在实现的过程中都不可避免地与机载计算机、机载操作系统及机载数据总线打交道。机载操作系统实际上在机载嵌入式训练系统实现支撑技术中有过讨论，在这一部分中我们着重讨论机载计算机和机载数据总线。

4.4.1　机载计算机系统

机载计算机是机载嵌入式训练系统的核心硬件，完成相关数据处理、战术解算等功能，是航空装备信息系统的核心，是信息处理、存储、传输的枢纽，具有高可靠性和高安全性要求。早期机载嵌入式计算机采用1750和INTEL X86处理器，目前机载嵌入式计算机基本采用Power PC处理器。随着航空电子系统综合化对计算机性能要求的提高，机载嵌入式计算机系统开始逐渐采用Power-PC7447A/8640D高性能处理器，目前，已形成了如下机载计算机型谱系列。

（1）16位机载计算机：Intel 286处理器、EL_BUS内总线、1553B数据总线。

（2）32位X86机载计算机：Intel 486处理器、LBE内总线、1553B总线、多种功能模块。

（3）32位PPC机载计算机：PowerPC603e/750/755处理器、VME总线、1553B数据总线、多种功能模块。

（4）综合化模块化机载计算机：开放式体系结构、PowerPC7447A/8640处理器、光纤网络互连、可重构功能模块阵列、集成机架和LRM模块结构。

我们一般习惯于 Windows 或者类 Linux 操作系统下开发软件，大部分处理器为 X86，在开发嵌入式训练应用软件时，尤其是开发机载软件时，和 Windows 平台下最显著的是字节序不同，X86 下使用小端模式（Little Endian，LE），而 Power PC 采用大端模式（Big Endian，BE），嵌入式训练系统涉及地面任务支撑环境、飞机以及其他作战平台，由于采用不同的硬件平台，在信息交互过程中，必须采用统一的字节序模式。

存放的字节顺序对于大小端的区别是：BE，高字节（Most Significant Bit，MSB）存放在低地址；LE，低字节（Least Significant Bit，LSB）存放在低地址。0x12345678 在大端和小端中的存放序列如图 4 - 13 所示。

BE
0×78
0×56
0×34
0×12
0×4
0×0
LE
0×12
0×34
0×56
0×78
0×4
0×0

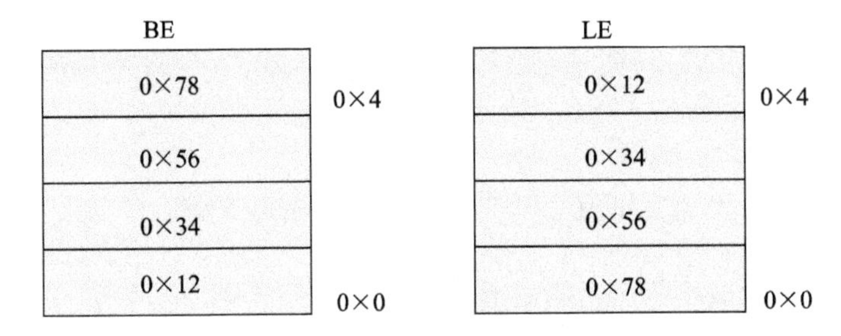

图 4 - 13　字节存放序列图

对 I/O register 操作时，对于大小端模式而言，不同处理器的 register 位排列也不相同，例如，对于 32 位 register 而言，Power PC 将其寄存器的最高位 MSB 定义为 0，最低位 LSB 定义为 31。小端处理器正好相反，如 X86 的处理器。大小端寄存器 bit layout 区别如图 4 - 14 所示。

0
0
BE
MSB
LSB
31
31
LE
MSB
LSB

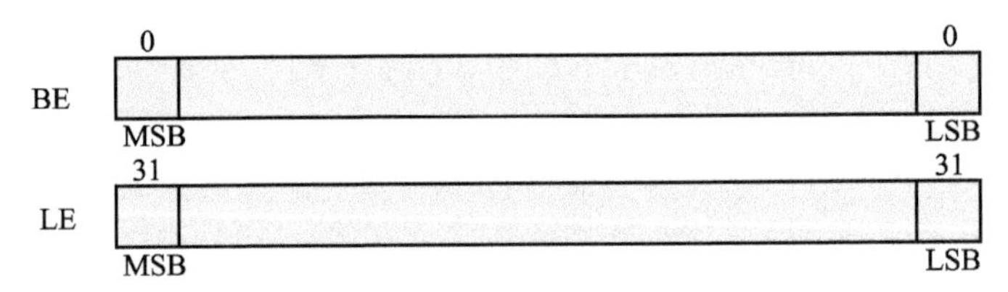

图 4 - 14　寄存器示意图

数据 0x12345678 写到大小端的 register 中如图 4 - 15 所示。

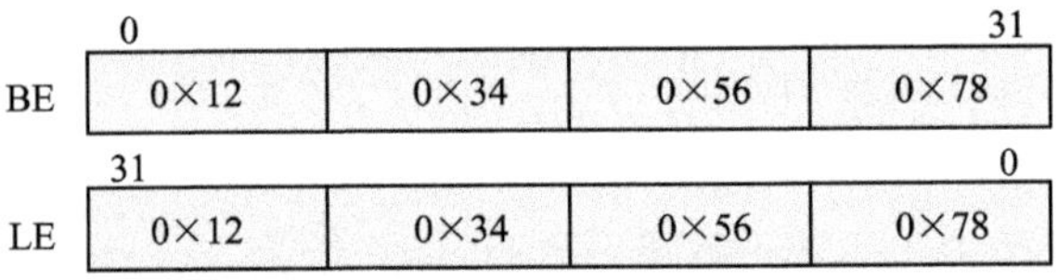

0
31
BE
0×12
0×34
0×56
0×78
31
0
LE
0×12
0×34
0×56
0×78

图 4 - 15　数据存储示意图

从1553B或AFDX数据总线角度而言，大端模式32位数据总线的MSB是第0bit，MSB是数据总线的第0～7bit，小端模式的32位数据总线的MSB是第31bit，MSB是数据总线的第31～24bit。

在开发嵌入式训练系统时，机载计算机一般采用Power PC平台，地面系统一般采用X86平台，不同端模式的处理器进行数据传递时需要考虑端模式的问题，统一字节序。

4.4.2　机载操作系统

安全和实时性是机载操作系统的两大基本要求，安全性要求机载操作系统能够支持不同安全级别信息的安全处理，支持多安全级别信息的混合处理，为信息安全提供有效支撑。实时性是指能够在限定时间内执行完规定的功能并对外部的异步事件做出响应的能力。实时性的强弱是以完成规定功能和做出响应时间的长短来衡量的。实时性要求操作系统在任务调度方面能够满足用户的期望，也就是说，任务能够在预计的时间内完成调度，另外，由于嵌入式系统应用场景多变，要求机载嵌入式操作系统内核小并能够可裁剪可配置，即用户可以根据需求裁剪操作系统的各项功能，如文件系统、网络组件、用户界面组件等。

4.4.3　机载数据总线

机载数据总线技术是指机载设备子系统直至模块之间的互联技术，总线技术本质上是一种实时网络互联技术，目的是通过数据总线将飞机上各计算机构成信息网络，实现信息的有效传输共享，机载数据总线技术是航电综合的核心，实现各类机载设备集成，机载数据总线应用较多的是ARINC429总线、1553B总线和AFDX总线。ARINC429总线在直升机上应用较多，但由于速率低、可连接设备少等缺点，目前应用越来越少。当前，机载数据总线是1553B和AFDX总线的天下，1553B总线应用最为广泛，AFDX总线已经在国产大飞机中得到成功应用，也是未来作战飞机数据总线发展的方向。

1）1553B总线

1553B总线由美国自动化工程师协会于1978年发布，全称为飞机内部时分制指令/响应型多路传输数据总线，我国与之对应的标准是GJB289A－97该总线采用双冗余的总线型拓扑结构，传输数据率为1Mb/s，该总线技术首先被应用于美国空军F－16战斗机，在过去的近40年中，它被成功应用于多种战机以及导弹控制舰船控制等领域，1553B总线网络的基本结构如图4－16所示，由终端、耦合器和屏蔽双绞线组成，总线控制器（Bus Controller，BC）控制总线操作，且通过数据总线与最多 32 个 RT 通信，同时，总线上还可以有一个总线监视器（Bus Monitor，MT），MT 可以监视总线上所有 BC 与 RT 之间、RT 与 RT 之间的指令及通信数据，但不能向总线上发送数据。

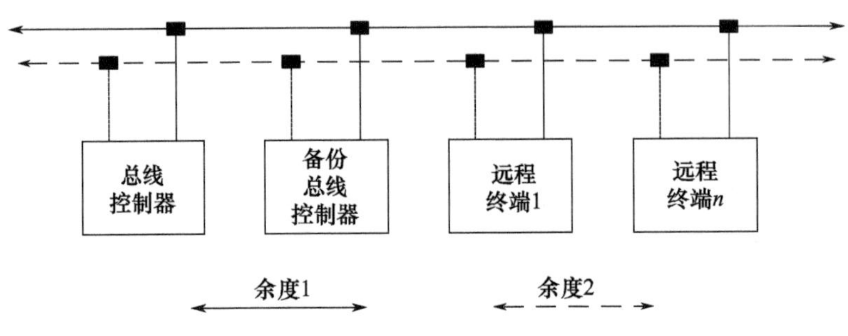

图 4 - 16　总线基本结构

1553B 主要特点如下。

（1）网络的消息传输由 BC 的总线表统一控制，严格定义了全网络中每条消息的长度，以及发送和接收的顺序过程。

（2）传输方式为半双工方式，一个终端不能实现同时接收与发送数据。

（3）总线可挂接 32 个终端，各终端之间信息传输方式包括 BC 到 RT、RT 到 BC、RT 到 RT、广播方式和系统轮询控制方式，每个终端有一个唯一的终端地址。

（4）总线上的信息流由 3 种类型的字消息组成：命令字、数据字（最长为 32 字节）和状态字，并有同步位和校验位。

（5）采用双冗余工作方式，第二条属于热备份，即当前路径不通才启用第二条。

（6）传输速率为 1Mb/s。

1553B 总线上存在 2 个地址：一个是 RT 地址；另一个是 RT 消息地址。RT 地址是远程终端的唯一标识，消息地址用来区分不同 RT 对应的数据字，每个 RT 可以传输 30 个消息。1553B 是一个指令响应系统，消息传输总是在总线控制器的控制下进行，BC 通过命令字询问 RT 是否有数据传输，RT 如果有数据需要传输则通过命令字进行应答，完成数据传输，BC 工作依靠用户设计的总线控制表。

1553B 扩展比较麻烦，首先是远程终端数量有限，其次是消息地址有限，每次增加远程终端或者修改消息格式，都要更改总线控制表，需要重新验证整个航电系统的通信与功能。

2）AFDX 总线

航空电子全双工交换式以太网（Avionics Full Duplex Switched Ethernet，

AFDX)是空客公司在商用交换以太网的基础上建立起来的,空客公司根据航空电子的需求,在实时性、可靠性等方面进行了改进,从而形成了旨在航空子系统之间数据交换而定义的一种电子特殊协议标准(ARINC664)。

AFDX 网络为星型拓扑结构,总线网络的基本结构如图 4-17 所示,主要由端系统、AFDX 交换机以及传输链路(逻辑上的虚拟链路,消息传输的载体)组成。可以将 AFDX 看为双冗余、热备份的以太网,提高了数据传输的可靠性,每个 AFDX 端系统具有两个独立的物理端口,在航空电子系统中两个物理端口以互为余度的方式工作。发送时,每个物理端口分别通过独立的传输路径发送冗余的数据帧;接收时,端系统对从两个物理端口接收到的数据帧进行完整性检测后,按照先到者有效的原则将数据帧传输到应用层。在每个端系统之间具有两条独立的传输路径,从而保证了数据传输的安全性和可靠性。

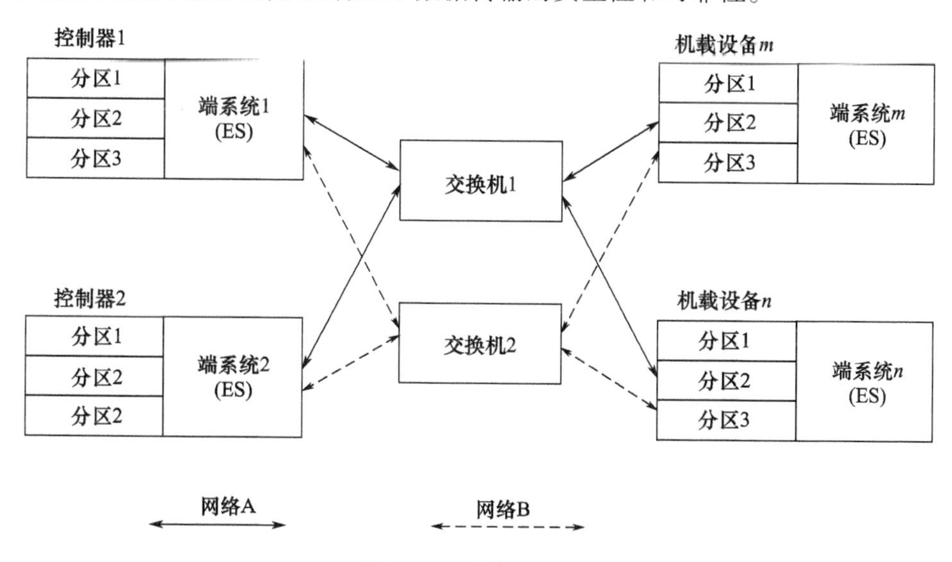

图 4-17　总线网络结构

AFDX 的主要特点如下。

(1) 网络的消息传输参数由交换机中的配置表定义,配置表在启动时装入交换机中,即消息的路由是静态分布的,消息的传输由各端系统自由独立发起。

(2) 物理层的连接介质是两个双绞线对,一对用于发送,一对用于接收,从而实现全双工通信。

(3) 网络连接采用星型拓扑结构,每个交换机最多连接 24 个终端节点,交换机可以级联以实现更大规模的网络。

(4) AFDX 的虚拟链路都有带宽分配间隔和最大的帧长度(最多支持 1471 B),

传输过程中引起的抖动有一定的范围限制，网络的最大传输延迟都可以得到控制，从而保证了传输的确定性。

(5) AFDX 网络引入了余度的概念，数据帧可以同时在两条独立的路径上传输，接收端系统只接收先到达的有效帧，这就显著提升了系统的可靠性。

(6) 带宽高，网络传输速率可选择 10Mb/s 或者 100Mb/s，默认为 100Mb/s。

AFDX 总线在本质上是交换式网络，交换机之间可以级联，易于扩展，传输数据量大，当使用更快传输网络设备时，AFDX 网络的速度更容易实现提速。与普通网络交换机不同的是，在 AFDX 交换机中驻留有全网络的规划通信通路，交换机采用静态路由机制，以交换配置表为依据，实现网络通信和数据转发消息传输，对具体消息格式更改时不需要更改静态路由，只影响端系统。

4.5 机载嵌入式训练系统实现的需求约束

任何系统的开发实现都是从需求分析开始的，需求决定采用何种物理结构，采用哪种技术路线，机载嵌入式训练系统实现过程中需从功能、安全性和可靠性方面进行分析。

4.5.1 功能需求

航空兵训练有许多具体的训练课目，各种功能需求，涉及整个的体系训练，嵌入式训练应该定位于航空兵战术训练和多机(兵)种合同训练，从这两点出发提出了以下几个主要的功能需求。

(1) 具备对抗训练能力。开展“红蓝”对抗训练是提升航空兵部队实战能力的重要手段，打造神形兼备的“蓝军”对于航空兵训练至关重要，嵌入式仿真训练系统能够生成具有智能性和逼真度的虚拟“蓝军”兵力，这里的逼真度一方面体现在对装备层面工作特性仿真的逼真度；另一方面体现在对抗的逼真上，虚拟“蓝军”能够合理地模拟敌方的战术动作，具有一定对抗性的虚拟“蓝军”兵力才能代替真实“蓝军”，并可通过嵌入式仿真系统的火控雷达、机载武器、电子对抗仿真模块，完成探测、锁定、攻击完整过程的模拟对抗训练，更能提高训练质量。

(2) 复杂战场环境下的训练能力。战场环境是敌我双方作战活动的空间，未来的战争是在复杂气象、地形、电磁和网络的综合环境，开展逼真复杂战场环境下的训练，是航空兵着眼未来作战提高作战能力的重要手段。嵌入式训练能够按需生成各种逼真的战场环境，并能生成空、地、海、电磁威胁态势，把飞行员置身于逼真的战场环境中。

（3）编队协同训练的能力。编队协同作战是航空兵作战的主要样式，开展双机、四机编队协同作战训练是航空兵部队练战法、练协同的经常性训练活动。嵌入式训练能够通过数据链与其他嵌入式训练飞机交互数据，在共享同一态势环境的情况下，实现多机协同训练能力。嵌入式仿真训练可以实现“实-实”“实-虚”“实-模”和“虚-模”等灵活编队模式的训练，如图4-18所示。

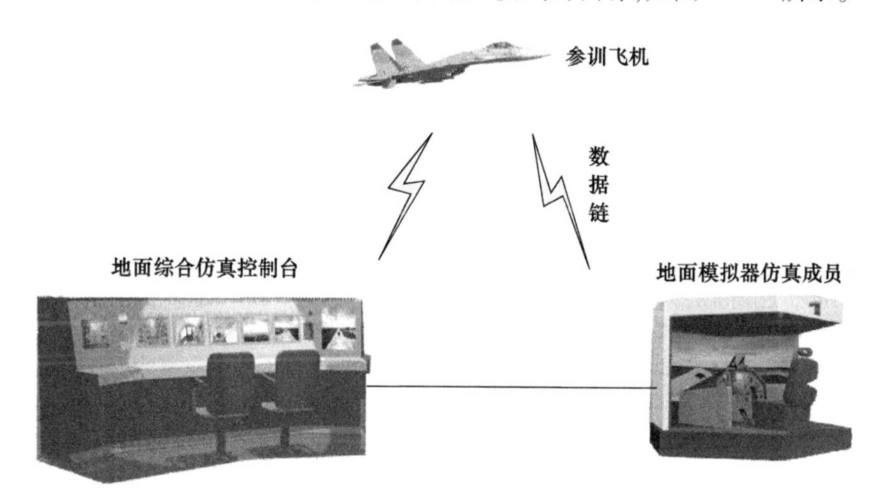

图4-18 嵌入式训练的编队协同模式

（4）指挥引导和监控能力。航空兵对抗训练中，地面指挥所要能掌握整个作战态势，并指挥和引导己方飞机完成作战任务，指挥引导和实时监控是航空兵作战及训练中的重要环节，是保障航空兵完成任务的重要前提。嵌入式训练的地面任务支撑环境能够对整个训练态势进行实时的二维和三维监控，并能实现对参训飞机的指挥引导任务。

（5）训练效果的评估能力。科学有效的训练评估是保证航空兵对抗训练质量、提高对抗训练效能的重要手段。目前的评估主要是定性为主的评估而且是针对对抗结果进行的评估，嵌入式仿真训练可以记录仿真训练过程中的各项数据，运用系统仿真多训练过程及人员表现进行准确的评估和判断，并能复现作战过程。

4.5.2 安全性、可靠性要求

高安全性和可靠性是航空装备的最起码要求，嵌入式训练系统的开发应满足飞机整体的安全性和可靠性要求，即必须采取可靠措施保证训练模式下与惯性导航、大气机、飞控计算机以及其他与飞行安全相关的机上各执行机构、传感器及控制信号的安全隔离;在嵌入式训练模式下,当有紧急需要时,能够快速安全地退出嵌入式训练模式,返回到正常的作战训练模式,实现模式快速安全切换。当处于嵌入式训练模式时,在航电系统画面中应该有显著的提醒,嵌入式训练模式下的显示与作战模式下的显示有较为明显的区别。

嵌入式训练系统除满足正常的训练功能外,系统还应提供开机上电自检、定时自检功能,并能实时下传设备的监控状态,用于在飞行准备和飞行过程中掌握设备工作状态,以便地面监控人员决定飞机是否退出嵌入式训练。在实现过程中,从元器件选择、可靠性设计以及可靠性试验等方面提高嵌入式训练系统的可靠性,使得不会因为嵌入式训练系统的加入而降低全机的可靠性。

4.6 嵌入式训练系统验证

设备工作可靠稳定,不影响飞行安全是嵌入式系统的基本要求,因此,嵌入式系统验证要验证机载部分的硬件设计、改装是否满足原机的环境适应性及电磁兼容要求。另外,通过验证试验证明设计是合理的,功能满足使用要求,性能满足设计要求,一般包括实验室联调试验、飞机地面试验和飞机飞行试验等。实验室联调试验在模拟仿真条件进行,主要用来验证系统设计符合要求,各分系统之间能够协调工作,飞机地面试验和飞行试验是在实装飞机进行的试验。

4.6.1 机载嵌入式训练系统环境试验及电磁兼容试验

1)环境试验

作战飞机应用环境复杂,工作条件严酷,为了保障机载设备可靠工作,必须进行相应的环境试验。对于安装在舱内设备主要根据飞机的最高飞行高度和机载设备在机上的舱段进行具体分析。不加压、无温控舱段主要有高、低温和低气压环境、温度急剧变化环境(飞机爬升)、湿热环境,还包括振动环境、加速度环境等。

安装在飞机外蒙皮表面上的设备,完全暴露在外部环境中,工作环境更苛刻,主要有高/低温和低气压环境、温度急剧变化环境、湿热环境、振动环境、沙尘环境、霉菌环境、雨淋环境、盐雾环境、声振环境、太阳辐射环境。

因此,按照机型要求和设备工作环境,结合 GJB150A 相关要求,进行高/低温储存试验、高低温工作试验、振动试验、低气压试验、淋雨试验、温度冲击试验、温度变化试验、冲击试验等。

2)电磁兼容试验

无论是改装还是一体化集成设计,嵌入式训练系统机载部分的硬件都应该满足原机电磁兼容要求，尤其是带有专用通信设备的数据链路式或附加式嵌入式训练系统，不能和原机的雷达、通信、导航等设备发生互相干扰。在设计时，根据全机电磁兼容设计要求进行相关设计，并在系统验证试验过程中，重点关注改装布线和接地应满足电磁兼容性，对干扰源及敏感部件应进行屏蔽，设备各部件安装布局应满足电磁兼容性，经电缆或导线引起的传导发射和敏感度影响应满足电磁兼容性，不允许由电源引起干扰或敏感的浪涌、脉动电压等。

4.6.2　实验室联调试验

实验室联调试验在实验室模拟环境下进行，各类机载设备可以是实装产品，也可以是相应的模拟器，无论是实装还是模拟器，在实验室环境中需要在机载数据总线上搭建综合航电系统，模拟机上的信息交互方式。对于数据链等各类无线传输链路，可以通过信号互连模拟设备互连；对于雷达等设备，则要通过中频模拟器等设备来模拟目标信号，激励雷达等传感器工作。对有模拟器的机型，可以通过对模拟器进行适应性改进，用于嵌入式训练系统实验室联调试验，实验室联调试验一般应该在系统开发基本完成时进行。

在实验室联调中，主要检验 POP 设计是否合理，ICD 文件能否满足要求，嵌入式训练系统在功能层面是否能完成相关训练科目要求，嵌入式训练仿真系统、地面保障系统与参训飞机在嵌入式训练系统中的功能定位是否合理。实验室联调试验实施方便，测试工具丰富。例如，可以采用 1553B 总线测试仪记录分析总线数据，可以根据需求调整 ICD 文件，然后在实验室进行验证。

4.6.3　飞机地面验证试验

飞机地面验证试验是在完成实验室联调试验后，为检验嵌入式训练系统与载机的兼容性开展的验证试验，此阶段需要完成嵌入式仿真系统、地面保障系统的开发以及机上改装。飞机地面试验的目的，一是为验证机载嵌入式训练设备装机后在供电、机内通信、与综合显示控制、雷达等机载设备交联是否正常，并在可预期的运行条件下（地面环境）能否完成预定功能；二是验证设备装机后不受外部环境（闪电或高能辐射场）影响或任一设备工作时不对其他电子设备产生电磁影响，进行如全机电磁兼容性地面试验，或者通信天线隔离度试验等；三是验证嵌入式训练系统，在维护保养、数据加载和卸载等日常使用方面是否方便快捷，满足全机在维护性保障性方面要求。

飞机地面验证试验的主要内容包括以下几方面。

（1）设备供电检查。

（2）与机载设备交联检查，包括相互间通信检查、显示画面检查等。

（3）与地面保障系统交互检查，包括训练规划数据加载、数据实时下传、随机导调指令上传等。

（4）嵌入式训练功能检查，主要检查各训练科目下，嵌入式训练仿真系统与机载设备交互的正确性。

（5）全机电磁兼容试验。确保嵌入式训练系统与其他机载设备不互相干扰，需要重点关注与地面系统通信不受其他机载通信设备干扰。

（6）嵌入式训练流程检查。主要检查在开展日常嵌入式训练时，能否按照预定的步骤开展。

4.6.4 飞机飞行试验

飞行试验是在机上地面试验完成以后，对飞行员进行完系统培训和座舱实习后展开，在飞行试验前要搞好试验筹划，编制各类试验保障文件，制作飞行员试飞卡片及操作程序。飞行试验是在真实外部环境下开展的试验，重点检查嵌入式训练系统与航电系统集成的正确性和其基本功能，结合雷达的空空、空地、空面模式进行。在飞行试验中要有相应数据测量和记录设备，主要记录综合显控系统视频数据、座舱视频数据、总线数据、嵌入式训练系统与地面交互数据，以及地面配套的数据处理分析系统。通过数据记录分析系统和飞行员描述判断是否达到预期试飞目的。

第5章　机载嵌入式训练系统的应用

部队能不能打胜仗，关键看日常战备训练是不是贴近实战、科学组训练兵。随着航空兵部队新装备信息技术比重不断提升，对飞行员的战术素养和武器装备应用技能要求也越来越高，迫切需要能符合航空兵自身实际需求，能切实提高实战化水平的训练手段。未来信息化战场环境的日益复杂，对航空兵部队训练场地、训练环境、训练方式和训练内容提出了更高的要求。航空兵战术训练要从自身实际出发，积极拓展训练方式，优化共享训练场地，拓展训练空间；研究创新“战训一致”且能满足部队全武器、全过程、全方位、全要素训练需要的战术训练手段；要根据未来战场环境、可能的作战对手，设置训练内容；根据战场上可能出现的作战态势安排训练课目和训练环节，严格按纲施训，坚持将方法创新与科学态度结合起来，主动创造贴近实战的训练条件，积极稳妥地推进航空兵实战化训练发展，使航空兵部队在逼真的训练场景中得到严格锤炼，为部队战斗力的提升提供必要的支撑。

目前，航空兵部队的训练手段还比较匮乏，主要有实装训练与模拟器训练两种手段，模拟器训练只能进行操作技能方面的课目训练，进行战术训练存在逼真度差的问题，不能提供逼真的心理、生理感受；实装训练在驻地也只能进行低技术层级的训练，不能进行全武器、全过程、全要素的战术对抗训练，和平时的实战化训练要求相去甚远，训练手段严重滞后部队的训练需求，极大地影响了部队战斗力的提升。在当前空军军事训练转型快速推进的进程中，急需有效的战术对抗训练手段。

嵌入式训练技术的出现解决了部队在驻地开展实战化战术训练的难题，其在空战训练成本、空域需求、组训难度和训练逼真度等方面比传统训练手段有着更明显的优势。嵌入式训练将成为未来航空兵战术训练的主要训练样式，极大地丰富了航空兵训练手段和组训模式，有效地提高了部队的训练效能。

本章主要对嵌入式训练的应用情况进行研究，包括嵌入式训练的组织实施、应用过程、应用样式和训练任务保障等内容。

5.1 机载嵌入式训练的组织实施

嵌入式战术训练的组织与实施在飞行训练活动中的地位和作用是十分重要的，它是完成飞行训练任务的重要环节，包括训练准备、实施管理和离线分析评估3个阶段。

5.1.1 嵌入式训练准备

嵌入式战术训练活动是一项复杂的活动，需要进行充分的准备，做好准备是顺利完成训练任务的前提，是提高训练质量必不可少的条件。为此，在嵌入式战术训练活动开始前，应从任务准备、组织系统准备等方面充分做好准备工作，以确保嵌入式战术训练活动的顺利实施。

1）嵌入式训练任务准备

理解掌握部队战术训练任务，应以训练法规和上级训练指示为依据，以年度总体训练计划为基础，严格按照训练步骤组织实施。主要掌握参训单位与兵力、训练的时间、训练的课题、训练的目标、训练保障和训练考核等问题，统一思想、明确分工、提出要求等。

制定嵌入式战术训练计划，应根据年度训练计划规定的时间，结合部队作战任务、训练水平、保障能力、装备条件和训练场地等情况进行。通常按照职责分工，制定嵌入式战术训练计划。

2）嵌入式训练组织系统准备

组织嵌入式战术训练准备，应根据训练任务，结合部队实际，重点进行组织、系统等方面的准备。

（1）组织准备。训练管理者应重点做好训练动员教育，明确训练任务、训练课题和要达到的目标，分析完成任务的利弊条件，提出训练要求，组织飞行战术训练人员、地面操作人员、指挥监控人员进行系统培训，力争使参与嵌入式战术训练的所有人员达到能组训、懂系统、善指挥、会评估的目标，为提高模拟训练质量提供基础支撑，保证训练按计划组织实施。

（2）系统准备。系统准备是指对嵌入式战术训练设备进行的检查、维修、保养和升级等活动。进行系统准备，训练管理者应根据训练课题要求、训练设备的现状、结构和训练目标的要求等，对嵌入式战术训练需要的系统和设备进行的完善与有机组合。组织对嵌入式训练设备进行开机检查，确保系统满足训练要求，以提高嵌入式战术训练的组训效益。

5.1.2　嵌入式训练实施管理

嵌入式战术训练实施管理，是实现嵌入式战术训练计划的重要阶段，也是落实训练任务的关键环节。管理者应按计划的要求，各司其职，各负其责，认真组织施训，以确保达成训练目标。嵌入式战术训练的实施管理主要包含两方面内容。

（1）指挥引导嵌入式战术训练实施。地面指挥人员，根据嵌入式战术训练实施计划，引导参训飞行员起飞、到达预定空域，及时进入嵌入式战术训练模式。

（2）控制嵌入式战术训练实施。训练开始后，地面监控人员严密掌握空中训练态势，衡量计划执行情况和纠正偏差的活动，遇有特殊情况要及时提醒，确保嵌入式战术训练的安全；地面指挥员还可以根据训练完成情况，对训练内容进行干预，使嵌入式战术训练产生新的情况增加训练难度，保证嵌入式战术训练任务有效落实。

5.1.3　嵌入式训练离线分析评估

嵌入式训练离线分析评估是在嵌入式战术训练结束时，将训练记录数据导入地面训练任务支撑环境后组织实施。主要方法如下。

（1）由组训部门在训练开始前要制定评估计划，明确分析评估的参与人员以及评估讲评的时间、地点和方法。

（2）训练完成后训练管理者和组训者，要及时组织评估人员和参训飞行员一起，根据记录的嵌入式训练数据和地面训练任务支撑环境的评估分析和回放功能，进行详细分析研究和总结归纳。

（3）训练结束前，训练管理者和组训者按照职责分工，实事求是、以事实说话，对参训飞行员在训练中出现的问题要及时评价，提出相应的意见建议和改进的措施办法，确保嵌入式战术训练分析评估的时效性和针对性。

5.2　美军F-35嵌入式训练框架及训练过程

5.2.1　美军F-35嵌入式训练框架

当飞行员从操作界面选择“训练”模式时，就激活了F-35嵌入式训练，这会启动武器和弹药的仿真。在训练模式，飞行员可以通过选择“嵌入式训练想定”选项进入交互式战斗训练。“虚拟威胁想定”（Virtual Threat，VT）使用机载系统合成威胁环境进行训练。在训练过程中，驾驶员座舱语音提示系统向飞行员通报战场状态。训练过程中实时记录各种训练数据，可以在训练完成之后支持离线分析评估。飞行中的训练想定选项“红军 RedAir”实兵训练想定和“虚拟威胁 VT”实虚训练想定可以互斥地独立进行，也可以作为一个混合想定同时存在，如图 5－1 所示。

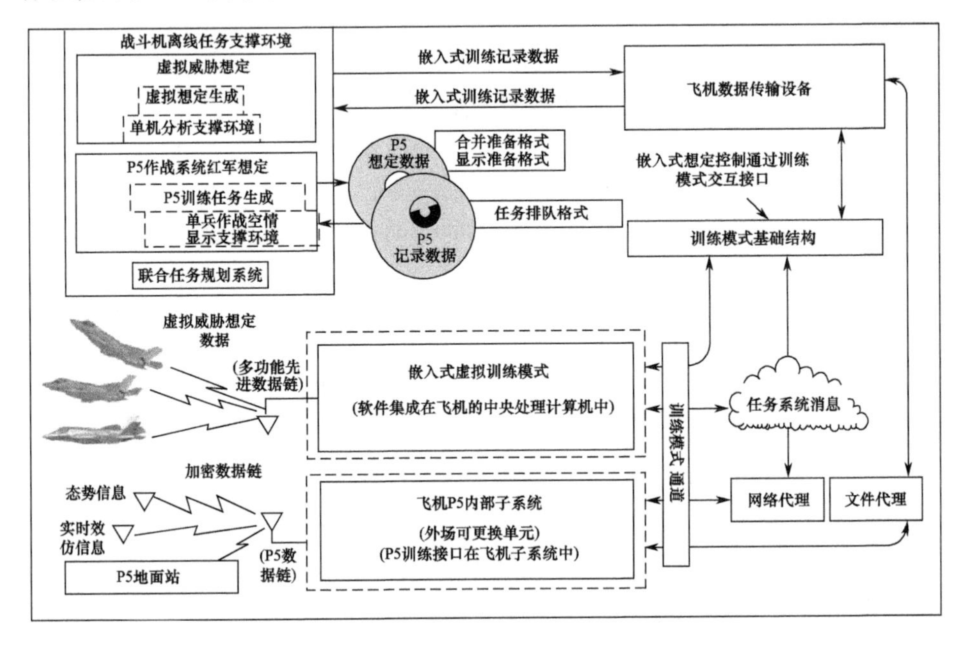

图 5－1　F－35 嵌入式训练过程框架及过程

图 5－1 中展示了 F－35 如何使用嵌入式虚拟训练模块和 P5 内部子系统支持嵌入式想定系统进行任务规划。虚拟威胁子系统使用一个仿真模块提供了一个虚拟训练环境，该环境是基于真实世界、开放的，在飞行中可以根据需要(任何地点/任何时间)进行交互式战斗训练。这个模块生成的威胁包括用于进行战术训练的交互式地面和空中虚拟威胁。虚拟训练模块支持单机和多达 4 机编队的训练。多机训练时，每架参训 F－35 飞机可以平等地以相同的模拟空、地威胁交战。多架飞机使用 F－35 的多功能高级数据链(Multifunction Advanced Datalink，MADL)进行协同。

每个虚拟地面或空中威胁可以通过模拟动态来袭导弹的飞行支持交战仿真。虚拟导弹飞行可以用于对抗参战的 F－35 飞机并提供实时的“杀伤评估”(Real－Time Kill Assessment，RTKA)。除了实时杀伤评估判定，虚拟导弹飞行仿真还会产生综合系统/导弹轨迹，这些显示在飞机座舱中，和真实轨迹一起展示。RTKA给出一个命中或脱靶判定,如果飞机被导弹命中就向飞行员发出一个“本机被击毁”听觉和视觉通告,被击毁的飞机从训练场景中移除。F-35模拟导弹发射攻击虚拟目标也使用一个基本的杀伤概率评估,如果评估结果是命中,那么,这个虚拟目标也被移出训练场景。虚拟地面和空中威胁的仿真可以根据一些触发条件采取防御(仅空中威胁)或进攻反应,如F-35探测、导弹发射、作战时间或者地理位置。

嵌入式虚拟训练模块生成虚拟威胁真实数据,融合仿真模块(Fusion Simulation Model,FSM)使用这些数据产生统一的校正前融合综合系统/导弹轨迹。嵌入式FSM将通过多MADL在参训的F-35飞机之间发送/接受综合系统轨迹,这样FSM就能够使用多功能高级数据链传来的综合系统轨迹校正(合并)本机上的数据。嵌入式训练融合仿真模块将会为综合威胁导弹设置战斗标识/交战规则(Identification/Rules of Engagement,ID/ROE)。嵌入式训练FSM还为空空战术情境模块(Tactical Situation Model,TSM)运行提供了空中综合系统/导弹轨迹,它的地面综合系统轨迹提供给空地TSM处理。

在VT想定运行期间,场景状态、事件以及虚拟实体的状态会被记录下来。这些记录用于支持全面的任务报告和场景回放。

5.2.2　美军F-35嵌入式训练过程

F-35的嵌入式训练过程可以描述成3个阶段。这个过程以规划嵌入式训练开始,这个阶段会加载便携式存储设备(Portable Memory Device,PMD)。第二个阶段是飞行中的嵌入式训练,这个过程会为PMD提供输出。最后一个阶段是完成汇报、评价和报告训练结果,如图5-1所示。

5.2.2.1　第一阶段:规划嵌入式训练

联合任务规划系统可以设计虚拟训练和P5想定。想定生成工具可用于虚拟训练想定设计。P5专用筹划模块用于规划P5任务,也称为“红军RedAir”训练,使用任务规划工具。为了飞行安全,可以定义地理安全边界限定综合训练环境的使用。在“训练”模式,战斗仿真是通过模拟真实的武器特征提供的。此外,虚拟武器可以在空的挂架上模拟,训练远距空空和空地武器的使用。真实和虚拟武器可以同时共存,无差别地用于训练。在这个过程中,随着模拟使用武器,虚拟武器的存量会减少,然而,真实武器总是和实际存量保持一致。

当嵌入式训练规划完成后,想定、参训方以及其他数据都会被加载到PMD中传输到F-35飞机上。

5.2.2.2　第二阶段:飞行训练阶段

当PMD插入F-35飞机时,飞行员可以进行嵌入式飞行训练。飞行员选择“训练”模式初始化嵌入式训练系统。对于虚拟训练训练，飞行员选择一个嵌入式训练选项。对于协同虚拟训练想定，长机选择一个预先加载的想定(1、2、3或者4)，而僚机选择虚拟训练组。为了达到训练目的，长机可以在不了解僚机的情况下选择训练想定。长机选择虚拟训练运行，开始执行想定，之后通报给参训僚机。

在虚拟训练模式中，飞行员可以实现如下功能。

(1) 使用综合传感器模型探测虚拟威胁，包括雷达、电子支援系统以及分布式孔径系统传感器的模拟。

(2) 攻击、摧毁在任务规划中预先设置的虚拟空中威胁(不超过4个威胁目标)。

(3) 攻击、摧毁任务规划中设置的虚拟地空导弹阵地(不超过10个)。

(4) 使用机动和防范措施摆脱来袭导弹。

在嵌入式训练飞行过程中，真实和虚拟武器可以同时加载到训练场景中。真实和虚拟武器通过库存数量的显示颜色来区分。在训练模式中，所有的武器发射，无论是真实还是虚拟武器被选中运用，都是仿真的。当武器发射时，库存管理页上虚拟武器的库存数量将会减少，而真实武器的数量不会减少。在训练模式飞行员也可以选择真实或者虚拟对抗措施。

参训飞机的杀伤准则是在嵌入式训练想定中设置的。这些准则可以根据特定的训练目的进行调整。对于虚拟训练成功的威胁导弹飞行(没有F-35响应)很可能会产生一个杀伤通报。然而，也可能一次有效的射击没有造成杀伤，因为在杀伤评估中包含一个概率判断。所有参训飞机共享虚拟训练杀伤通告。参训成员可以在座舱显示器上看到被击毁的参训飞机图标上叠加一个棺木符号。当F-35发射导弹攻击虚拟目标，并且评估为击毁目标时，被击毁的目标图标就会消失。注意：目前没有模拟本机发射的导弹的动态飞行。

当飞行员选择“红军RedAir”模式时，P5作战训练系统(Combat Training System，CTS)被初始化。对于P5 CTS，当导弹飞行产生杀伤评估时，杀伤通告发送给目标飞机。实时交战模拟要求精确的位置判断，因此，装备了未加密的传统P5 CTS系统的飞机不能实时评估与F-35对抗的毁伤情况。

5.2.2.3 第三阶段：汇报、评价、报告阶段

飞行结束之后，飞行数据用于支持综合任务评价。为了兼容现有的P5报告系统，对P5 CTS和虚拟训练想定设置了不同的报告环境。P5 CTS使用专用战斗机组显示系统，而P5和虚拟训练使用个人计算机报告系统。

5.3 机载嵌入式训练系统应用的过程

机载嵌入式战术训练过程包括训练前的任务准备、训练任务执行和训练后的成绩分析评估3个阶段，如图5-2所示。

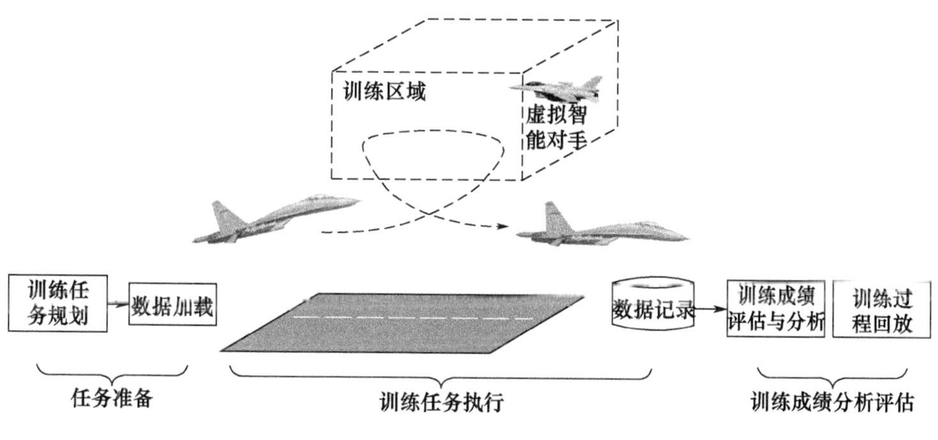

图5-2 机载嵌入式战术训练过程示意图

5.3.1 训练任务准备阶段

首先，根据训练预案，通过地面训练任务支撑环境完成训练想定的制定，设定虚拟战场环境、虚拟智能对手（包括机型、目标性能特性、起始位置、战术规则等）、双方编队方式及数量、武器挂载类型及数量、虚拟友机属性、作战区域等，导出训练任务想定数据；通过专用读/写卡设备为飞机的嵌入式仿真系统加载训练想定数据。

（1）训练想定制定。根据作战背景，研究确定作战任务，依据任务需要设想未来作战场景和作战样式，明确参战机型数量和武器挂载方案。使用想定制作工具构造虚拟作战环境（包括地理环境和兵力配置）、虚拟友机、虚拟对手，设置参与对抗实体的初始位置、姿态、速度、武器挂载等基本参数。

（2）导出想定数据。使用想定制作工具根据设置的各项参数，生成机载嵌入式仿真系统能够解析的文件格式，提交地面训练管理机构审核。审核通过后，将生成的文件复制到数据加载卡上。

（3）给飞机加载想定数据。将数据加载卡插入机载嵌入式仿真系统的读卡器，使用想定加载工具读取并解析想定数据，初始化虚拟作战环境和虚拟武器装备，并与地面支持站建立数据链网络连接。

5.3.2 训练任务执行阶段

飞机起飞后,飞行员根据机载的任务规划的航迹信息,当到达指定的训练空域时,适时关闭真实的火控雷达、光电雷达、电子对抗和外挂等设备,并启动机载嵌入式仿真系统开始仿真运行,进入嵌入式战术训练模式。

进入训练模式后,根据训练想定数据完成对各个仿真模块(包括机载武器、机载雷达、机载电子对抗设备、虚拟智能对手以及数据记录、安全监控等)的初始化,完成仿真的机载武器外挂的自动或人工加载,对机载多功能雷达画面或态势画面进行初始化。虚拟智能对手仿真模块根据嵌入式仿真系统加载的训练想定数据,开始飞机姿态、位置、航迹以及任务设备状态的仿真计算,适时自主地完成搜索、跟踪、威胁评估、目标分配和战术决策、战术执行以及武器攻击等完整的作战解算任务,使虚拟智能对手像真实的对手一样作战。同时,嵌入式仿真系统的机载火控雷达、机载光电雷达、机载武器、机载电子对抗等仿真模块根据采集的参训飞机的状态、飞行员的操控指令开始进行交互仿真,并实时将仿真的态势信息通过飞机的平显、下显等显示终端以及语音告警设备等反馈给飞行员,飞行员根据各显示终端的画面信息以及语音告警信息完成作战对抗任务。具体过程如下。

(1) 搜索、识别和跟踪阶段。嵌入式仿真系统机载火控雷达和光电雷达仿真模块代替参训飞机的真实火控雷达和光电雷达,作为显示与控制管理处理机的雷达数据输入源。根据目标信息、参训飞机姿态信息及飞行员的操作信息实时解算雷达系统状态参数、天线状态数据等完成雷达搜索、识别和跟踪,并通过显示与控制管理处理机将显控画面数据输出到各显示终端进行实时显示,跟踪目标后转入武器发射阶段。

(2) 武器发射阶段。嵌入式仿真系统机载武器仿真模块代替飞机的真实外挂作为任务计算机的武器输入源。机载武器仿真模块根据当前武器操控信息向参训飞机的任务计算机返回武器状态信息,任务计算机进行火控攻击解算,在参训飞机的平显或下显上实时生成目标的跟踪、锁定、攻击等提示信息,飞行员在驾驶飞机的同时完成虚拟武器发射任务。

(3) 虚拟武器飞行阶段。虚拟武器发射后,嵌入式仿真系统的机载武器仿真模块根据参训飞机发射点的飞机姿态、位置、环境数据等解算武器的弹道轨迹、导弹飞行姿态、毁伤目标情况,并给出攻击结果。

训练过程中,地面指挥人员以及机载嵌入式仿真系统可进行必要的指挥引导、训练过程干预及安全提醒。

① 指挥引导。地面指挥人员要根据参训飞机、虚拟智能对手(友机)的位

置信息,必要时多参训飞机进行指挥引导,以确保"实－虚"战术对抗训练的有效开展。

② 安全提醒。地面指挥人员可对受训飞行员的危险动作、行为通过语言进行干预提醒,确保训练安全;机载嵌入式仿真系统也会根据实时采集的参训飞机的状态信息(如飞行高度)进行危险预判,当感知危险时会及时提醒飞行员注意安全。

③ 训练过程干预。地面指挥人员可根据训练情况对训练过程进行实时干预,干预嵌入式仿真系统的运行过程和执行方式,如可对虚拟智能对手当前自主选择的战术行为进行干预,转而执行地面指挥员指定的战术行为;当训练任务完成时,还可对训练态势进行干预,让嵌入式仿真系统在指定的空中位置产生一批新的虚拟智能对手,让参训飞行员开始新的战术对抗任务,这样可确保在参训飞机一次升空期间,即可完成多个战术对抗任务的训练。地面指挥人员的干预命令要通过数据链或数传电台的方式,将干预指令发送给机载的嵌入式仿真系统,机载嵌入式仿真系统则根据接收的干预指令适时做出响应。

在整个飞行训练过程中,嵌入式仿真系统实时记录参训飞机的状态信息、飞行员的操作指令以及虚拟智能对手(友机)的状态信息,并保存到存储设备中。同时,要将参训飞机和虚拟智能对手(友机)的状态和态势信息,通过数据链或数传电台等方式下传到地面的训练任务支撑环境,用于地面指挥员实施训练任务监控,实时掌握当前的训练态势。

5.3.3 训练成绩分析评估

训练完成参训飞机返回后,通过专用读/写卡设备,将训练过程中在机载嵌入式仿真系统数据存储卡上实时记录的参训飞机状态和操控信息、虚拟目标信息、战场环境信息、交战信息等数据下载到地面训练任务支撑环境,由评估人员和参训飞行员一起根据记录的各项数据,依托地面训练任务支撑环境进行训练任务的分析评估和训练过程回放,详细评估战术对抗训练过程中各个环节的战术运用情况及态势情况,分析训练过程中存在的不足以及需要改进的地方,通过对训练过程的详细评估达到以评促训的目的。

5.4 机载嵌入式训练的体系环境

军事训练是未来战争的预演,是以实战化训练体系构建为核心的军事训练实践活动。根据机载嵌入式训练系统的训练目的,全面贯彻落实"战训一致"的训练原则,训练环境和训练课目的构建要符合实战化训练要求,即在近似实战的环境和条件下进行训练;训练内容要符合训练主体作战任务的预想和对作战能力的要求;训练对象必须是实际的作战编组,训练方法必须是作战对抗、体系对抗的方式。机载嵌入式战术训练可以实现多种不同体系环境下的虚拟对抗训练。

5.4.1　一架真机对一架或多架虚拟敌机的训练环境

这种训练环境,实现一架参训飞机进行单机对多机的超视距战术对抗训练,敌机可以是一架或多架的虚拟飞机(由嵌入式仿真系统仿真生成),如图5－3所示。主要实现单机战术课目训练、基本战术运用训练以及培养战术意识训练。这是最简单、组训最容易的训练环境。

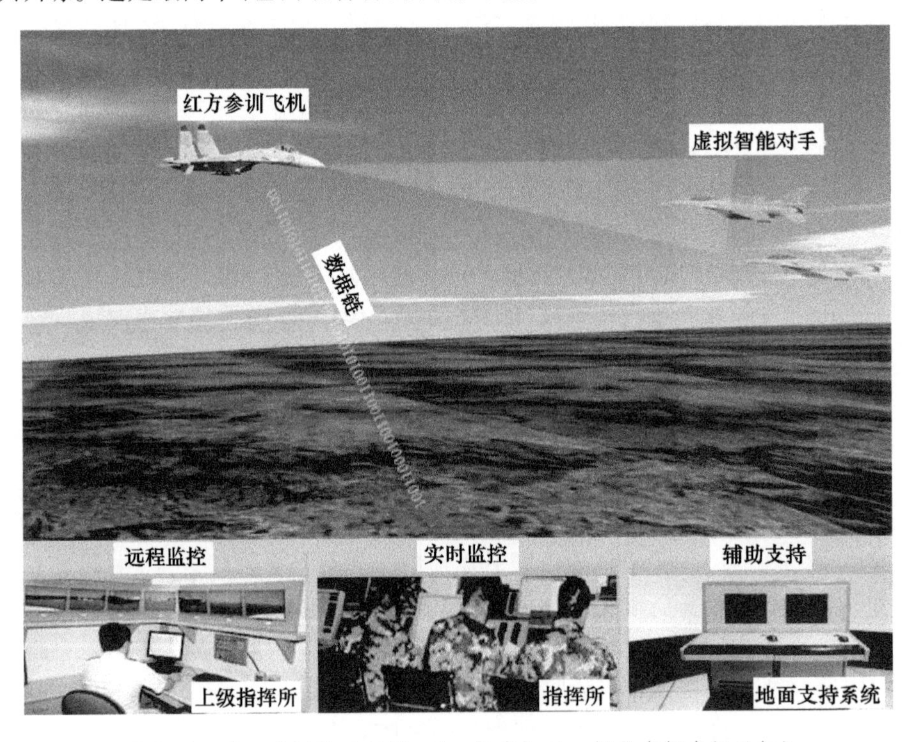

图5－3　嵌入式训练的环境一(一架真机对一架或多架虚拟敌机)

5.4.2　一架真机和虚拟飞机编队对一架或多架虚拟敌机的训练环境

这种训练环境,实现只需一架真实的参训飞机即可实现编队战术对抗训练,编队长机是真实飞机,而编队僚机是采用虚拟飞机,敌机都是虚拟飞机,如图5－4所示。红方"实－虚"编队中,长机的指挥是通过语音指令(通过语音识别转化为指令编码）对虚拟僚机进行指挥协同，主要是训练编队长机的组织指挥和编队战术运用能力。

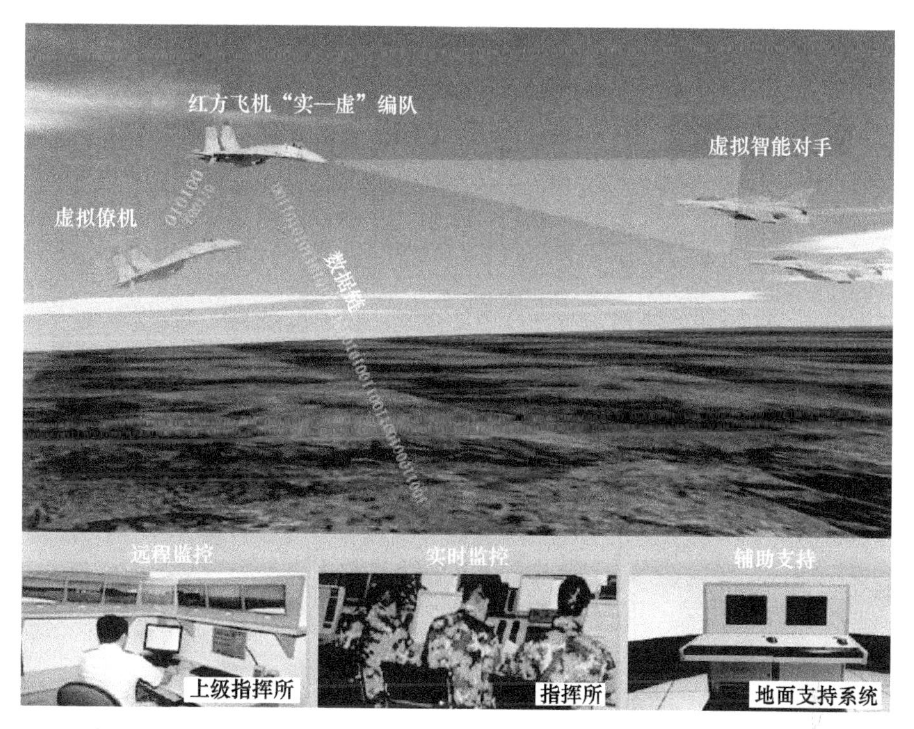

图5-4　嵌入式训练的环境二（一架真机和虚拟飞机编队对一架或多架虚拟敌机）

5.4.3　两架真机对多架虚拟敌机的训练环境

这种训练环境，实现两架真实的参训飞机进行的编队战术对抗训练，一架或多架敌机都是虚拟飞机，如图5-5所示。此时，两架参训真机的嵌入式仿真系统进行协同时空一致性仿真。主要训练长机、僚机飞行员的编队协同战术运用，长僚机密切配合，培养编队整体观念，提高编队完成战术任务的能力。

5.4.4　真机作战体系对敌虚拟作战体系的训练环境

这种训练环境，实现红方参训的单架或编队飞机都是真实的，敌机都是虚拟飞机，红方可以搭建完整的作战体系与蓝方虚拟的作战体系进行体系环境的战术对抗训练，如图5-6所示。其中红方作战体系可以由真实装备、嵌入式仿真系统或地面模拟器来构建。主要训练体系对抗下指挥员的组织指挥能力，也可以训练在作战体系的支撑下空中编队完成任务的能力。

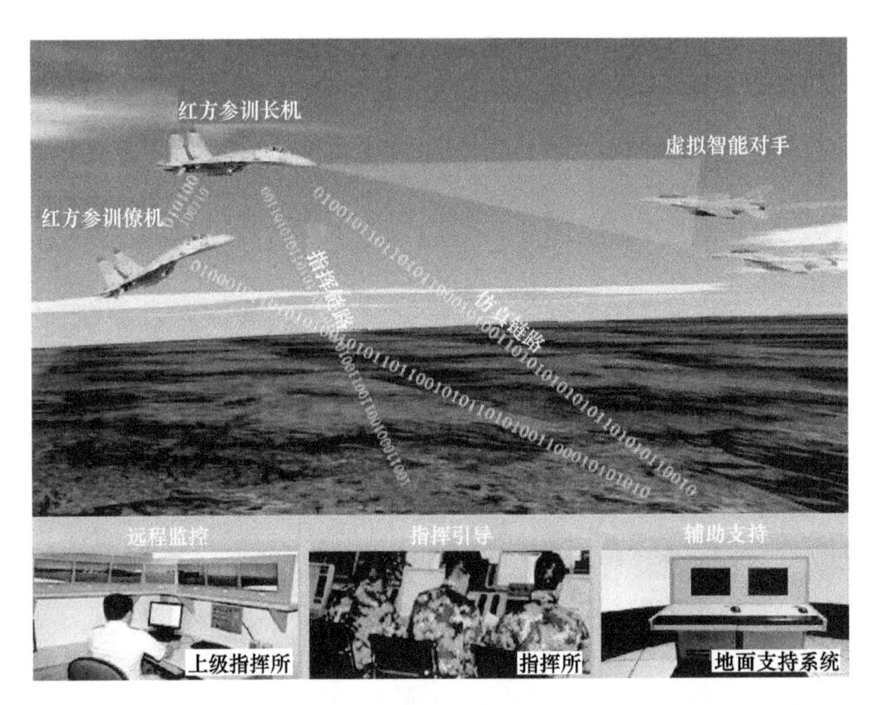

图 5-5　嵌入式训练的环境三(两架真机对一架或多架虚拟敌机)

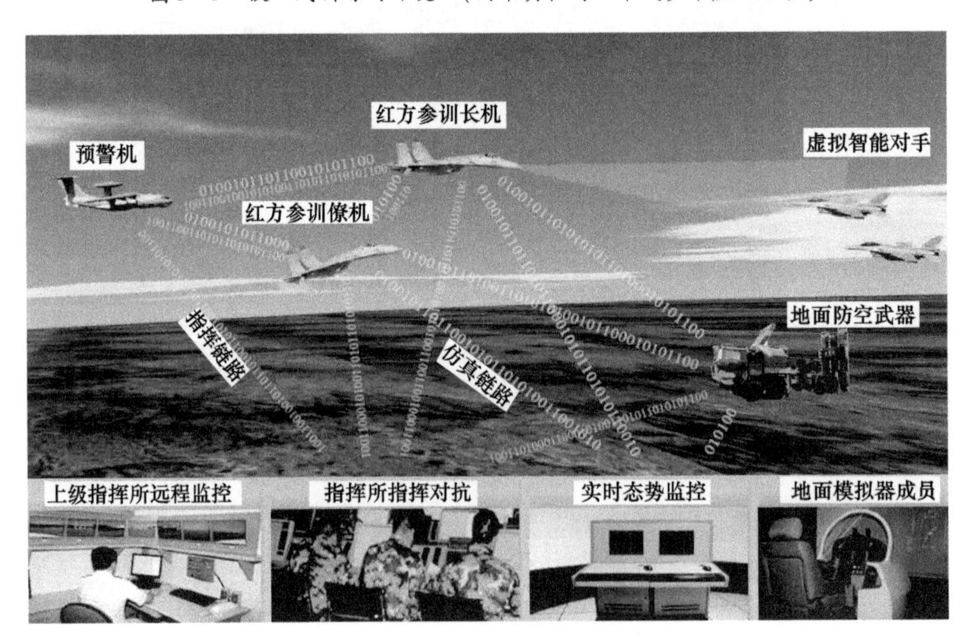

图 5-6　嵌入式训练的环境四(一架或多架真机对一架或多架虚拟敌机)

5.5　机载嵌入式训练的任务保障

训练任务保障是机载嵌入式训练的重要组成部分，是机载嵌入式训练的正常实施以及提高训练质量的重要保证。机载嵌入式训练的任务保障通常包括物资保障、人员保障、场地保障和勤务保障等内容。

5.5.1　训练基础保障

1. 完善机载嵌入式训练保障配套设施

（1）抓好部队驻地开展机载嵌入式战术训练的硬件保障设施建设。配套齐全各种专业设备、数传设备、专业培训教室、计算机机房以及与之相配套的嵌入式训练器材、装备等。

（2）立足现有装备条件，开展本单位机载嵌入式训练辅助教学系统的建设，抓好机载嵌入式战术训练培训课件的开发、制作及应用。

（3）紧密结合本专业和新装备变化的特点，抓好航空兵训练课目讲解培训，做到每个教学课目都要具有与之配套的课件，形成制式的教学保障体系。

2. 完善机载嵌入式训练组织保障

根据机载嵌入式训练需要，按照职能划分，成立科学而健全的组织体系，对于确保机载嵌入式训练的指导方向，促使嵌入式训练有计划、有目的、有秩序地进行，提高训练质量效益具有重要作用。根据航空兵嵌入式训练的特点，精选精干力量，成立相对稳定的嵌入式训练的组织领导机构以及训练计划、训练指挥、训练评估等训练实施机构，各司其职，确保机载嵌入式训练的有效开展。

领导机构担负依据法定权责进行训练决策、指导训练实施的职责。具体包括：依据军事训练任务，分析和了解嵌入式战术训练需求；掌握训练保障资源和训练能力现状；确定训练基础建设和实施的方针、目标和原则；决定训练资源分配和保障能力使用；检查训练决策执行情况，指导所属单位组织训练建设和实施开展训练；依据形势发展调整训练任务等。

训练计划、训练指挥、训练评估等小组具体贯彻训练决策，担负训练的具体组织实施职责。训练计划组则依据训练决策制定训练计划、筹措训练资源、规划训练内容、拟制训练想定等训练准备任务；训练指挥组则按照训练计划规定的内容、时间、方法、质量标准等组织训练活动，对训练进行指挥引导、控制（干预）训练过程、实时掌握训练情况，确保训练安全有效地进行；训练评估组则根据训练目的实施训练回顾、训练评估工作，发现训练中存在的不足和问题、点评优劣、分析原因、提出改进意见建议，总结训练工作，反映训练情况。

3. 完善机载嵌入式训练教员队伍建设

机载嵌入式战术训练的教员队伍主要是指承担对嵌入式训练准备、训练组织实施、训练成绩评估3个训练环节中所从事指挥或操作技能人员的培训工作的人员,确保嵌入式训练各个环节都能有序进行。教员队伍素质高低不仅直接影响着机载嵌入式战术训练能否顺利展开,而且直接影响到了训练质量的好坏,是机载嵌入式战术训练的关键环节。

(1) 抓好教员选配。注意从航空兵部队抽调相关专业具有较高理论水平和较丰富实践经验的技术骨干,充实各专业教员队伍;将所属专业班中的“尖子”学员充实到技术骨干队伍中去,要让每名教员都具备与其岗位相适应的素质。

(2) 抓好教员训练。采取集中培训、参观见学、外送进修等方法,对教员队伍的知识结构进行更新,适应新装备新战法发展而带来的新变化,提高按新大纲施训和组训能力。

(3) 抓好对教员的使用和管理。通过完善机制、营造氛围、采取措施等手段,创造出拴心留人的环境,保持教员队伍的稳定,提高教员队伍的素质。

5.5.2 训练准备保障

机载嵌入式战术训练是一项较为复杂的实践活动,是一项系统工程,因此,需要进行充分准备。相关机构在组织机载嵌入式战术训练时,应重点做好思想准备、组织准备、教学准备和物资准备等保障工作。

1. 思想准备保障

思想准备是机载嵌入式战术训练活动中一项重要的准备工作,这项工作做得是否及时有力,直接关系到训练任务能否顺利完成。主要工作内容有以下几方面。

(1) 召开训练会议。在机载嵌入式战术训练开始前,一般要召开训练会议。会议由军事首长主持,有关机关、部门及参训单位的领导参加。主要任务是传达上级有关训练指示和要求,明确机载嵌入式战术训练任务和指导思想,分析训练形势,统一思想认识,研究训练计划,提出训练要求,安排训练保障工作等。

(2) 部署训练任务。采取会议或下发文件等形式向参训单位部署机载嵌入式战术训练任务,目的是使全体人员明确训练任务和训练目标。

(3) 进行动员教育。动员教育一般由单位军政首长亲自宣讲。动员教育可集中组织,也可以由单位结合部署任务时进行。动员的目的是使参训人员进一步明确完成任务的目的和意义,增强责任心,积极地去完成任务。

2. 组织准备

组织准备是根据机载嵌入式战术训练的任务和要求，在开训前对训练编组进行调整，配备训练骨干，协调各项工作关系等一系列组织活动，以保证机载嵌入式战术训练工作能顺利开展。

（1）调整训练编组。一般情况下，部队现行的训练组织机构都能适应正常机载嵌入式战术训练的需要，但是在接受新任务时，在科目转换和进入新科目训练前，都要根据训练任务性质和要求以及参训人员的情况，对训练编组进行调整以适应训练任务的需要。

（2）调配训练骨干。机载嵌入式战术训练骨干是保证机载嵌入式战术训练质量和安全的重要因素。因此，在训练前应对施训单位的领导力量、指挥员、教员、飞行员的数量和质量等情况进行分析摸底，根据需要适当调整，充实训练骨干力量，适应训练的要求。

（3）协调工作关系。各单位、各部门主要根据机载嵌入式战术训练任务和计划，安排教学和训练保障的协调工作。明确各单位在组织实施训练过程中工作的职责和相互的协同关系。

3. 教学准备

教学准备是机载嵌入式战术训练准备工作的一项重要内容，是保证训练质量的前提条件。因此，在每次组织训练前，都应认真做好教学准备。

（1）进行“三模底”。根据掌握的情况，有针对性地开展教学活动。必要时，组织专门教育或加工训练，保证参训人员在思想、技术、身体等方面都能适应新的训练任务的需要。

（2）组织教学法集训。根据训练科目特点和对飞行人员技术摸底情况，适时组织教学示范训练日，进行相关教学法的实验、示教或检查飞行，提高技术骨干的技术水平和任教能力。

（3）培训技术骨干。教员、干部及其他技术骨干的教学能力和技术水平直接影响着机载嵌入式战术训练的质量，影响着部队战斗力的成长。因此，在组织施训前或在训练中，要训好教员、干部及其他技术骨干，使之胜任完成训练任务的要求。

（4）制定教学预案。根据训练对象的实际水平确定教学起点，有针对性地制定出切实可行的教学预案，组织教员备课、练教、试讲，让教员进一步熟悉教材、教案，熟悉使用教具和作业指导的方法。施训前要准备好教学必需的教学设施和教学场所，做好教学的准备工作。

4. 物资准备

机载嵌入式战术训练的物资准备主要是指装备保障准备、技术勤务保障准备、后勤保障准备和训练器材保障准备等。

(1) 装备保障准备。装备保障准备只要是根据机载嵌入式战术训练任务的要求,组织机载嵌入式系统保障力量,认真检查维护机载嵌入式系统,使系统处于良好状态,满足训练的需要。

(2) 技术勤务保障准备。技术勤务保障准备的重点是根据训练任务的要求,制定保障工作计划,调配保障力量,并检查维修机器、设备、制定训练保障措施等。

(3) 后勤保障准备。后勤保障准备包括场地、电源、卫生和生活供应等各项保障的准备。

(4) 器材保障准备。训练器材保障准备主要由训练和教学保障的单位负责。准备的重点是做好训练所需要的教材、教具、物资、经费及用品的保障工作。

5.5.3 训练组织实施保障

训练组织实施保障是指在实施嵌入式飞行训练任务中筹划和运用人力、物力、财力,从装备物资、场地、气象、技术、油料等方面,保障嵌入式飞行训练需要的各项专业勤务。主要包括技术勤务保障、后勤保障、航空装备保障和其他保障。

(1) 技术勤务保障。技术勤务保障是指直接为嵌入式飞行活动服务的领航、飞行管制、通信导航、雷达情报、气象、航空救生等外场勤务保障。技术勤务保障的可靠程度,是嵌入式飞行训练活动能否顺利进行的不可缺少的重要客观条件。技术勤务保障的重点是根据训练任务的要求,制定保障工作计划,调配保障力量,并检查维修机器、设备、制定训练保障措施等。

领航保障是指为保障嵌入式飞行训练活动按规定时间、地点、目标和要求顺利完成任务所采取的各项领航措施。

通信、导航保障是指为保障嵌入式飞行训练而组织实施的通信、导航的全部活动。飞行前,应根据飞行任务,进行充分的准备,使通信、导航设备处于良好状态;飞行实施中,保证通信联络畅通,导航设备准确不间断地工作;空中出现特殊情况时,按保障预案和指挥员指示,迅速采取相应措施处置。

雷达保障是指雷达兵为保障嵌入式飞行训练使用雷达获取空中情报所采取的措施。

气象保障是指为嵌入式飞行训练活动提供所需的天气预报、天气实况和其他有关气象资料的活动。

飞行管制保障是指为维持空中秩序,对在空中飞行的飞机进行监督和强制性管理而采取的各种手段。

航空救生保障是指保证航空救生装备及飞机阻力伞经常处于良好状态,检查指导飞行人员正确使用航空救生装备,对飞行人员进行陆地和水上救生训练以及跳伞救生知识的教育培训等。

(2) 后勤保障。后勤保障是指后勤部门和场站直接为嵌入式飞行活动服务的飞行场务、物资、油料、器材、经费、运输等保障,后勤保障的基本功能是直接为嵌入式飞行训练活动提供必要的物资、技术条件,是以一种综合保障力量向飞行部队提供保障。是保障嵌入式飞行训练活动正常进行,提高飞行安全必不可少的重要环节。

后勤保障的主要内容包括管理、维修和警卫嵌入式飞行训练场地及其各种附属设施;筹措、供应嵌入式飞行训练所需的各种物资、器材;筹措和保障飞行训练所需的经费;严密组织好飞机的牵引、加油、充氧、充冷、供电、救护和消防等保障工作;进行航空卫生保障;设置与维护各类人员的工作、休息场所,供应膳食和饮(用)水。

(3) 航空装备保障。航空装备保障是嵌入式飞行训练组织实施保障的主要组成部分,是指航空兵在遂行嵌入式飞行训练任务中,由各级装备部门和机务大队组织实施的航空技术保障。装备保障主要是根据机载嵌入式战术训练任务的要求,组织机载嵌入式系统保障力量,认真检查维护机载嵌入式系统,使系统处于良好状态,满足训练的需要。

(4) 其他保障。其他保障主要是指教材保障、训练物资保障、训练场地、训练经费保障等。

5.5.4　训练后分析评估保障

训练后分析评估是为了总结经验,发扬优点,纠正错误,改进嵌入式训练方法,提高嵌入式训练质量。训练后分析评估分为嵌入式飞行训练组织保障评估和嵌入式飞行训练技术、战术讲评。

(1) 嵌入式飞行训练组织保障评估。每个场次飞行结束后,飞行指挥员或副指挥员应当在嵌入式飞行训练现场召集各类值班人员汇报嵌入式飞行训练组织保障工作情况,对嵌入式飞行训练组织保障工作进行评估,提出改进要求。嵌入式飞行训练组织保障评估结束后,各保障单位应分别对本单位保障嵌入式飞行训练情况进行评估。

(2) 嵌入式飞行训练技术、战术评估。嵌入式飞行训练技术、战术评估由飞行指挥员组织,通常在嵌入式飞行训练结束后当日(夜间飞行于次日)进行;连续飞行训练时可以与下一个飞行日飞行准备结合进行。评估内容主要包括嵌入式飞行训练任务完成情况，嵌入式飞行教学、飞行技术质量和战术运用效果，普遍技术难点和倾向性问题，解决问题的办法和措施，嵌入式飞行经验和教训。

嵌入式飞行训练评估应当充分利用地面任务支撑环境读取、处理和存储参训飞机记录的嵌入式训练数据，对飞行质量进行客观评估。飞行训练结束后，应当及时组织实施飞行训练的单位对有关数据、资料进行分析评估。

5.5.5 训练设备的安装拆卸

机载嵌入式训练系统的维护保障工作主要是对机载嵌入式设备的拆卸、安装以及对拆卸设备的维护和日常保管。

(1) 机载嵌入式设备的拆卸。机载嵌入式设备需要在长期不用或执行作战任务前进行拆卸，以减少对飞机性能的影响。拆卸前，首先应检查设备的外表是否完整无损，各零件、固定螺丝、机械保险是否齐全。如果发现有较大的缺陷和损伤，应报告上级，查明原因后方可拆卸。拆卸连接零件，一般应按照先拆电路连接，后拆机械连接；先拆传动链接，后拆固定连接的原则进行。机载嵌入式设备取下以后，应妥善放置，设备上的插头、接头和接嘴应用干净布包扎好，防止尘土侵入。飞机上的接头、插头等要做好固定、绝缘包扎处理，以免飞行时脱落和接头漏电。

(2) 机载嵌入式设备的安装。在安装机载嵌入式训练设备之前，应检查设备的外表是否良好，紧固零件是否齐全。设备上的连接部件应该清洁完整，并且没有损伤，各种零件应齐全，如不清洁或者有缺陷，应擦拭干净，排除缺陷后，方可安装。安装设备时，应注意的问题与拆卸时相同。安装连接零件时，按拆卸相反的顺序进行。设备安装好后，应复查各个连接和保险，并通电检查设备的工作情况，必要时还要进行飞机发动通电检查。

(3) 拆卸设备的保管。拆卸嵌入式设备的保管，是对拆卸下来的嵌入式设备进行的保存保管工作，设备在保管期间，维修人员必须根据自然条件的变化情况，采取相应措施，加强维护保养，保护设备无故障、锈蚀和损伤。特别是要定期查看设备有无锈蚀；定期清除设备上的尘土、灰沙；进行通电检查。

(4) 拆卸设备的定期维护。为了做好拆卸设备的维护工作，必须及时地进行检查了解设备的变化情况，判明设备是否良好；经常性地对设备的外部进行检查，外部检查一般是在设备不通电、不通气、不使用试验器的情况下进行的，目的是为了判明设备的外部是否良好。判明设备是否良好，一般对其工作情况和性能数据在定期工作中进行检查。

第6章　机载嵌入式训练系统面临的挑战

使用机载嵌入式训练系统进行训练，其实质是虚拟仿真实现在实装上，在实装上实施虚拟仿真，与传统的训练的模式相比，其优势明显，能够大幅提高训练效率，减少训练成本。但同时也面临不少的挑战。例如，在支撑嵌入式系统的设计与实现、模型构建与优化、系统的集成和运行维护等各个方面，都存在新的风险与挑战。

6.1　系统设计与集成问题

机载嵌入式训练系统积聚了多种复杂先进技术，如建模与仿真、CGF、人工智能等技术，同时，也是由实装飞机与嵌入式仿真系统构成的LVC仿真训练环境。嵌入式仿真系统不仅包括虚拟智能对手的仿真，而且还包括真实飞机的机载火控雷达、光电雷达、机载武器、电子对抗以及战场环境等模块的仿真，这些仿真模块之间以及与实装飞机之间既是逻辑分离自治，又是高度耦合，其实现的技术难度较大。

此外，嵌入式仿真系统依靠飞机总线接口与飞机进行信息和数据的交互，需要在新研飞机上一体化设计以及在现役飞机系统上进行改装，对于不同型号的飞机，需要有与之对应的数据接口、硬件接口、数据格式和信息传输方式，需要经过严格的测试，确保实装飞机的安全性。

再者，嵌入式训练系统本身也要根据具体的飞机机型设计而形成的，需要考虑每一个模块之间的逻辑和数据交互关系，多个模块构成了多维复杂系统，这样的系统本身的设计和实现难度很大，对系统的稳定性、可靠性和健壮性提出了更高的要求。嵌入式仿真系统与实装飞机之间的信息交互，需要有稳定性极强的系统改造和升级支撑，如果其中某个系统或环节出了问题，或者出现了数据异常，使得嵌入式系统的态势信息出现了紊乱，做出了错误的决策，影响到了飞行员的操作，那么，将极大地影响训练效果和战斗力的提高。

6.2 仿真模型构建逼真度问题

嵌入式仿真系统的一个关键部分就是模型库,一般存储在模拟器主控主机中以便根据需要随时调用,以生成模拟战场环境所需的虚拟态势。模型库的准确与否是直接影响到飞行员的训练效果,且模型库的丰富与否也是衡量嵌入式仿真功能强大与否的重要指标。但是现代战争是高技术条件下的信息化战场,环境往往瞬息万变,战场态势和威胁变化多端,战术运用难以揣摩,因此,很难准确预测实际作战。这就要求嵌入式仿真的模型数据库必须对战术和态势数据不断进行更新,以提高仿真时效性。仿真是一种基于模型的活动,模型设计的好坏和效率在仿真中具有重要的意义,作为一种重要的仿真类型嵌入式仿真也不例外。如今,国内外的仿真界已经达成了共识:没有经过验证的仿真模型没有任何价值,没有经过可信性评估的仿真系统也没有任何价值。工程实践也表明,要想让仿真系统真正具有生命力,必须对系统的建模与仿真进行可信性研究,而且应该将它贯穿于系统建模与仿真全生命周期中。因此,如何提高嵌入式仿真的模型可靠度,更是需要仔细研究的问题。

嵌入式仿真系统机载火控雷达和光电雷达仿真模块代替参训飞机的真实火控雷达和光电雷达,作为显示与控制管理处理机的雷达数据输入源,嵌入式系统根据当期态势信息进行决策。嵌入式系统的多个功能子模块,都是依靠仿真模型来完成的,仿真模型构建的好坏,直接决定了嵌入式系统的功能。复杂问题和过程的抽象,本身是比较复杂的,嵌入式系统机载火控雷达、光电雷达仿真模块,还有决策模块是核心,而这些模型的构建本身只是对相应的功能模块进行大部分抽象,不能完全对客观世界进行抽象。例如,在空战中飞行员使用干扰机进行干扰,嵌入式系统需要对这个过程进行响应,动态计算出干扰强度、范围、持续时间和干扰效果,让计算机对这个过程进行精确仿真和计算,难度是很大的,这样的模型也不好构建。再如,在雷达探测模型,雷达探测到目标,取决于 RCS 的大小,而 RCS 是随着格斗双方的位置和姿态变化而变化的,想要利用仿真模型进行精确仿真,这个过程是比较复杂的。在实际计算机模型中,采用了大量简化构建模型,这样就对模型的逼真度大打折扣。因此,在进行训练时,很多武器性能边界可能会发生变化,从而影响到实际的作战过程。

6.3 虚拟兵力的智能性问题

机载嵌入式训练是利用嵌入式系统产生智能对手(或者队友),一起进行训练，智能对手（或者队友）的作战水平至关重要，如果虚拟智能对手不真、不像，达不到训练效果，甚至容易把训练引入歧途。机载嵌入式训练的核心是在空中进行战术训练，提升飞行员的作战能力。一个具备智能型、作战经验丰富的虚拟智能对手对引导飞行员学会如何作战尤为重要，嵌入式训练需要一个逼真的对手，提高对抗性，虚拟智能对手是对假想敌武器装备和人员意识的模拟，智能性是核心。

基于人工智能的嵌入式训练系统的研究和实践的重点是智能型虚拟威胁目标，它是一个空战作战专家系统，能综合运用各种空战作战理论，采集并综合运用空战经验丰富飞行员的战术策略，具备综合态势评估能力，能根据载机的战术机动、企图、传感器武器特性进行综合判断，即时生成最优对抗策略，实现“空中人－机智能作战”。同时，基于人工智能的嵌入式训练系统能根据飞行员的训练情况，分析出受训者的弱项，并针对该弱项进行针对性训练。虚拟智能对手的本身的构建和训练是有难度的，主要体现在以下几个方面。

（1）空战态势的识别和描述难度大。计算机最多描述敌方态势“有什么”“在哪里”，无法回答“要干什么”。多机空战中，计算机很难通过飞机的几何态势判断出作战意图，尤其是很多战法的初始态势本来就是具有欺骗性的，给计算机的识别和决策增加难度。此外，现代空战都是在预警机、干扰机等体系下进行的，呈现了干扰与反干扰、隐身与反隐身，甚至是防区外发射导弹就离开等作战样式，这对空战的态势描述增加了多个维度，在进行数据处理时，容易形成数据组合爆炸。

（2）影响空战的要素很多，在进行计算机建模时，无法面面俱到，甚至某些信息在实际作战中无法获取，如敌方火力范围、机动性能等关键战技指标，这样对于一个辅助决策系统来说，缺乏核心的输入条件，那么，产生的决策的可信性就难以保证。

（3）空战是多个条件约束下，实时寻优的过程，不仅与平台性能、武器性能、各目标的态势密切相关，还与飞行员的飞行技能和心理素质有关，这种难以进行量化和结构化的因素，但对作战又具有很大的影响。在进行智能辅助决策模型构建时，难以进行合理的处理，在理论上的最优策略和路径，由于受到飞行员心理因素的影响，可能无法实施和完成，那么，这样不具备可行性的最优策略，可能就没有意义。

（4）样本数据的获取难度大、成本高。空战对抗训练数据需要飞行员使用真实的装备进行战术演练，才能得到比较真实的数据。然而，开展一场实际的空战对抗训练，成本非常高昂，进行多次“多对多”的飞行战术对抗训练，其风险和成本难以承受。没有真实的作战数据，单凭借理论上的数学优化，得出的决策模型，模型可信度也难以保证。

6.4 蓝军不像的问题

蓝军是训练我军的磨刀石,蓝军像不像、强不强,直接影响了我们的训练水平。蓝军不蓝,靶标不像,会导致训练与实战错位。蓝军像不像,取决于以下几个方面:一是蓝军武器装备性能;二是蓝军作战思想和作战原则;三是蓝军仿真模型构建的逼真度。实际中,这 3 个方面都是难以构建的。一是蓝军的武器性能不能完全准确获取,更无法知道其内部的构造原理,所以难以构建精准模型,所以无法不能真实反映蓝军的装备特点。二是蓝军实际的作战思想、作战原则、作战特点和作战能力也无法及时掌握,构建很逼真的蓝军难度是比较大的。三是作战最终还是由人来主导的,作战指挥员的风格偏好、作战思想、战术原则、行动特点对作战决策有很大的影响,同时也有其随机性和主观性。想构造逼真的蓝军,这也是需要考虑的问题,但这些问题的建模是比较难的。这不仅需要加大对蓝军的理论研究,了解蓝军作战规律特点,还需要收集大量的蓝方情报,实时掌握蓝方情况,不断更新数据模型。在机载嵌入式训练在设计和构建时,需要设计好接口和对应标准,便于蓝方情报的更新,能够快速、动态构建模型,并进行快速修正和验证,这对建模构建提出了很大的考验,同时对系统的架构设计、运行效率、迭代更新设计提出了更高的要求。

6.5 虚拟与现实的相互转换问题

嵌入式训练系统加载在飞机上,对于超视距的目标,显示在飞机屏显上,对于飞行员来说,可以假乱真,但毕竟不是真实目标场景,作战的氛围还是不足,达不到完全的投入,和真实训练存在一定的差异。对于视距内的目标来说,缺乏真实飞行员肉眼观察的体验,这样对飞行员的决策还是有差异的。真实作战的压力和挑战对作战人员的能力具有重要影响,心理影响、挑战性、睡眠不足、食物匮乏、无处栖身等真实战争体验都无法通过基于仿真的训练加以复制,在这方面,嵌入式仿真的效果还无法和实装演练、实际作战相提并论。另外,嵌入式系统只能提供类似功能的对手(队友)进行训练,与现实中进行真正空战对抗还是有很大的不同。主要体现在以下几方面。

(1) 功能上,嵌入式系统不可能仿真出所有的功能模块,也不可能把某一个功能模块仿真得和现实中一模一样。

(2) 在目标的仿真上,目标大都是依据特定想定或者一定的有限规则进行的行动,而实际作战中,目标信息大都具有不透明性、随机性、体系性和欺骗性。

另一方面，飞行员经常在构建的虚拟环境中进行训练，对作战场景和目标特点产生形成特定的习惯和依赖，在实际作战中，面对真实的作战场景，需要重新调整和适应，如果适应不好，容易引发错觉，导致虚实分不清楚，引发新的隐患和风险。

6.6　持续研究迭代改进问题

机载嵌入式训练系统的构建是一个长期不断迭代、吸纳、扩展的过程，不仅涉及很多新的领域和技术，还涉及了很多学科的基础理论研究，先进技术、情报资源的充分融合运用，这些技术、理论和情报的本身是不断发展的，嵌入式系统中的虚拟智能对手模型，也是针对不同机型和不同战场环境的。嵌入式系统训练无论是想横向发展，拓展不同的武器装备，还是纵向发展，对某种特定武器系列深入改进，都需要长期的投入。这对经费投入和人才队伍提出了较大的需求，需要一个牵头的组织机构和项目支撑，有制定完善相关法规政策，整合各种优势资源，全力打造，这种多学科、多领域、多部门、多用户需求和多应用场景的交叉性强的科研项目，对科研管理、密级管理、技术积累，理论研究提出了新的要求，需要有更加灵活有效的模式，聚合各方优势力量，并保证人才和技术得到积累和发展。

参 考 文 献

[1] 田荣杰,张力,韩亮,等. 教练机嵌入式训练系统概念模型研究[J]. 系统仿真学报,2018,30(9):3319-3326.

[2] 田晓波,张崇,杨朝斌. 一种基于嵌入式平台的单兵战术训练考核系统[J]. 电子技术应用,2018,44(12):28-31.

[3] 刘纯,李维,刘洁,等. 高级教练机嵌入式训练系统应用[J]. 兵器装备工程学报,2017,38(4):26-31.

[4] 王树生,李明忠,陈昌金,等. 先进战斗机嵌入式训练系统研究[J]. 世界空军装备,2013(4):21-26.

[5] 陈凌,吴冰,胡志伟,等. 机载嵌入式空战训练的研究与进展[J]. 计算机仿真,2010,27(2):108-112.

[6] 张洪波,赵严冰,杨传奇. 基于嵌入式仿真的雷达训练系统设计[J]. 海军航空工程学院学报,2014(6):581-585.

[7] 耿振余,刘思彤,李德龙. 嵌入式空战训练中虚拟智能对手的生成研究[J]. 现代防御技术,2014,42(3):172-177.

[8] 耿振余,孙金标,李德龙,等. 机载嵌入式战术对抗训练系统设计[J]. 系统仿真学报,2014,26(012):2882-2886.

[9] 刘纯,李维,刘洁,等. 高级教练机嵌入式训练系统应用[J]. 兵器装备工程学报,2017,38(4):26-31.

[10] 彭文成,高韶祎,徐豪华. 数字化装甲分队嵌入式训练系统设计[J]. 四川兵工学报,2015,36(9):90-93.

[11] 王军,耿振余. 嵌入式仿真技术及其在军事训练中的应用研究[J]. 航空科学技术,2014(11):56-60.

[12] 万明,樊晓光,禚真福,等. 美军 ACMI 关键技术及发展趋势[J]. 电光与控制,2015,22(1):62.

[13] 陈凌,吴冰,胡志伟,等. 机载嵌入式空战训练的研究与进展[J]. 计算机仿真,2010,27(2):108-112.

[14] 常天庆,张波,赵鹏,等. 嵌入式训练技术研究综述[J]. 系统仿真学报,2010,22(11):2694-2697.

[15] 亓凯,杨任农,左家亮,等. 空战飞机嵌入式训练系统的研究[J]. 火力与控制,2011,36(9):165-167;171.

[16] 周煜,严俊. 某型教练机嵌入式训练系统顶层设计技术研究[J]. 航空电子技术,2011,42(2):1-5.

[17] 陈鸿杰. 集成式教练机嵌入式训练系统研究[J]. 中国新通信,2015,17(11):73-74.

[18] 马潇潇,李涛,荣鹏辉,等. 嵌入式训练在空地作战训练中的应用[J]. 火炮发射与控制学报,2013

(4):14 – 18.

[19] 贠荣军,王红星．浅析美空军 F – 35 嵌入式训练系统组成及运用[J]．空军军事学术,2017(6):113 – 115.

[20] 田荣杰,张力,李敬通．引入嵌入式训练创新飞行员战术训练手段[J]．海军航空兵,2015(1):34 – 36.

[21] 商亚新,马琪．浅谈嵌入式训练模拟器设计的若干问题[J]．军械维修工程研究,2013,20(2):4 – 6.

[22] 王志敏,王新华,刘文华．现代战斗机嵌入式训练系统[J]．军事飞行研究,2014(4):75 – 76.

[23] 步建兴,汪业福．美国陆军装甲车辆嵌入式训练现状与未来发展[J]．外国陆军,2013(3):43 – 45.

[24] 肖剑波,等．船舶操纵控制嵌入式训练系统设计与实现[J]．现代电子技术,2014,37(20):80 – 83.

[25] 王夷,凌祥．基于射频注入的机载雷达嵌入式训练技术[J]．论证与研究,2015,31(4):29 – 32.

[26] 孙博,周国安,等．基于中频模拟器的雷达嵌入式仿真训练系统[J]．计算机测量与控制,2013,21(7)1990 – 1992.

[27] 徐军,陈大勇,等．舰艇作战系统嵌入式模拟训练技术研究[J]．指挥控制与仿真,2008,30(6):110 – 113.

[28] 刘硕．嵌入式训练并行仿真系统设计[J]．航空计算技术,2018,48(5):218 – 221.

[29] 饶敏,佟惠军,秦树海．用于嵌入式空战训练的火控雷达仿真方法[J]．四川兵工学报,2011,32(11):41 – 44.

[30] 支超有,杨强,李霞．1553B 数据总线仿真检测技术研究及应用[J]．计算机测量与控制,2013,21(10):2632 – 1637.

[31] 丁立冬．民用飞机机上地面验证试验研究[J]．航空标准化与质量,2013(3):27 – 29.

[32] 王亮,张研,蔡毅鹏,等．基于随机有限元的导弹振动环境试验设计研究[J]．强度与环境,2018,45(6):56 – 63.

[33] 王永伟,陈洪涛,等．航空兵部队飞行训练[M]．北京:空军指挥学院,2014.

[34] 任尚德,黄克超,等．陆军航空兵军事训练学[M]．北京:军事科学出版社,2015.

[35] 冷旭,等．海军航空兵飞行训练工作[M]．葫芦岛:海军飞行学院,2009.

[36] 赵虎城．航空特种设备使用与维护[M]．西安:空军工程大学,2006.